上海市中高职贯通教育

数学课程标准

（试行稿）

上海市教育委员会教学研究室　编

华东师范大学出版社

·上海·

图书在版编目（CIP）数据

上海市中高职贯通教育数学课程标准：试行稿／上
海市教育委员会教学研究室编.—上海：华东师范大学
出版社，2022
ISBN 978-7-5760-3503-2

Ⅰ.①上… Ⅱ.①上… Ⅲ.①数学−课程标准−职业
教育−教学参考资料 Ⅳ.①O1

中国版本图书馆 CIP 数据核字（2022）第 233775 号

上海市中高职贯通教育数学课程标准（试行稿）

编　　者　上海市教育委员会教学研究室
责任编辑　蒋梦婷
责任校对　赵建军
装帧设计　庄玉侠

出版发行　华东师范大学出版社
社　　址　上海市中山北路 3663 号　邮编 200062
网　　址　www.ecnupress.com.cn
电　　话　021 - 60821666　行政传真 021 - 62572105
客服电话　021 - 62865537　门市（邮购）电话 021 - 62869887
地　　址　上海市中山北路 3663 号华东师范大学校内先锋路口
网　　店　http://hdsdcbs.tmall.com

印 刷 者　常熟市文化印刷有限公司
开　　本　787 毫米×1092 毫米　1/16
印　　张　4
字　　数　64 千字
版　　次　2023 年 1 月第 1 版
印　　次　2023 年 1 月第 1 次
书　　号　ISBN 978 - 7 - 5760 - 3503 - 2
定　　价　99.4 元

出 版 人　王　焰

（如发现本版图书有印订质量问题，请寄回本社客服中心调换或电话 021 - 62865537 联系）

上海市教育委员会文件

沪教委职〔2022〕41号

上海市教育委员会关于印发上海市中高职贯通教育数学等3门公共基础课程标准（试行稿）的通知

各有关高等学校，各区教育局，各有关委、局、控股（集团）公司：

为贯彻落实《国家职业教育改革实施方案》《推进现代职业教育高质量发展的意见》《上海市教育发展"十四五"规划》等精神，进一步完善上海现代职业教育体系建设，市教委制定了《上海市中高职贯通教育数学课程标准（试行稿）》《上海市中高职贯通教育英语课程标准（试行稿）》和《上海市中高职贯通教育信息技术课程标准（试行稿）》（以下简称《课程标准》），现印发给你们，请从2022年秋季招收的中高职贯通、五年一贯制新生起组织实施。

上述 3 门《课程标准》是规范本市中高职贯通和五年一贯制专业数学、英语和信息技术基础等公共基础课程教学的指导性文件，是学校组织教学工作，检查教学质量，评价教学效果，选编教材和配备教学设施设备的依据。各相关职业学校主管部门和直属单位、教科研机构（组织）等要根据《课程标准》，加强对学校专业教学工作的指导。附件请至上海教育网站 http://edu.sh.gov.cn/下载。

附件：1.上海市中高职贯通教育数学课程标准（试行稿）

2.上海市中高职贯通教育英语课程标准（试行稿）

3.上海市中高职贯通教育信息技术课程标准（试行稿）

上海市教育委员会

2022 年 10 月 20 日

抄送：各中等职业学校,各有关直属事业单位。

上海市教育委员会办公室　　　　2022 年 10 月 24 日印发

| 目 录 |

六、实施建议 /53

上海市中高职贯通教育数学课程标准开发项目组名单

一、导言

（一）课程定位

数学是研究模式的一门科学，主要研究对象为数与形，对科学技术的进步发挥着基础理论和基础应用的作用，是现代文化的重要组成部分，对形成人类的理性思维、促进人的智力发展具有不可替代的作用。数学与人类生活和社会发展紧密关联，已渗透到现代社会及人们日常生活的各个方面。数学素养是现代社会合格公民和高素质技术技能人才必备的基本素养。

中高职贯通教育数学课程（以下简称"中高职贯通数学课程"）承载着发展素质教育的任务，对学生的道德品质、科学素养和人文精神的培养起着不可或缺的作用，其作用不仅体现在逻辑思维等科学素养培养的途径上，更体现在将德育融合于数学知识教学全过程之中，产生一种"润物细无声"式的潜移默化效应。这既促进了学生的数学学科学习，又为学生树立正确的世界观、人生观和价值观提供了独特的融合途径，达到"为党育人、为国育才"，德育、智育的双重教育之目的。

中高职贯通数学课程是中高职贯通和五年一贯制学生的一门必修的公共基础课程，是中高职贯通教育课程体系的重要组成部分，具有较强的工具功能，是学生学习其他文化基础课程、专业课程以及职业生涯发展的基础。它对学生认识数学与自然界、数学与人类社会的关系，认识数学的科学价值、文化价值、应用价值，提高发现问题、分析和解决问题的能力，形成理性思维和提升有条理的交流水平都具有重要作用，对于学生智力的发展和健康个性的形成起着有效的促进作用。

中高职贯通数学课程的任务是巩固和进一步提高学生在义务教育阶段形成的数

学基本素养,加深对数学文化的认识、对数学知识和方法的理解,并通过学习获得新的数学知识与方法,形成在未来生活工作中所必备的自觉发现数学信息,运用数学知识、数学方法解决问题的意识和能力。

(二) 课程理念

1. 以立德树人为根本,提升学生素养

在中高职贯通数学课程内容的选择、设计和实施中,课程思政元素应贯穿于全局,始终如一地将立德树人放在首位,在不同时期、针对不同内容,以及不同教与学的形态中,都要充分体现中高职贯通数学课程思政的育人价值,考虑达成目标的有效途径。

中高职贯通数学课程可以从科学理论、时代精神、历史文化、国际视野、道德自律、立志成才、爱国情感、真善美等方面,多角度、多方位、多层次、多形式地开展数学课程思政的活动,在数学教学活动中,凸现德育培养目标,培养德才兼备的人才。

2. 构建必需基础,体现职业教育特点

中高职贯通数学课程要确保学生学习"必需的数学",对所学的数学知识、所要形成的基本能力内涵的界定,在理论与方法上应是基本的,在现代生活和生产的应用中又是广泛的。要构建既能体现职业教育特点,又能适应时代发展的数学课程。

中高职贯通数学课程要增加实际应用、问题探究、数学文化等内容,并采用整体规划与局部调整相结合的方式,形成公共基础和拓展选修两部分简明合理的内容结构。要尽可能满足不同专业、不同学生对数学的不同需要,并为学生个性发展提供平台。

3. 内容精简实用,树立大众数学理念

中高职贯通数学课程要精选基本的和应用广泛的数学内容,体现近现代数学思想方法。应摒弃不必要的繁杂运算与高难度的解题技巧,学习水平要求与学生认知水平相适应。要贴近学生实际生活,引导学生会用数学眼光观察世界,会用数学思维思考世界,会用数学语言表达世界;要注重数学文化的渗透,感悟数学的美学价值。

4. 初等数学与高等数学有机融合,提升中高职贯通有效性

中高职贯通是构建现代职业教育体系,实现中高职教育内涵式发展的内在要求和

必然选择。对于初中数学与中高职贯通数学衔接内容,以及初等数学与高等数学内容,要做好教学目标、教学内容、教学方法与手段的有机衔接,重视相关要求的一致性和层次性,在螺旋式学习和发展中,提升中高职贯通数学教与学的效率和质量。

5. 注重与现代信息技术的整合,优化课程

随着现代信息技术的迅速发展和广泛普及,数学课程面临新的机遇。中高职贯通数学课程必须大力加强与现代信息技术的有机整合,强化工具的使用,从现代信息技术的角度优化课程内容、拓宽数学学习渠道,利用技术手段拓展学生学习时空,重视在探究学习活动过程中理解数学。改善教学内容的呈现方式,改进教学过程和组织方式,拓展数学教学手段。根据当代信息技术新成果,不断探索技术助力数学教学的新思路、新途径。

6. 实施有效的学习评价,提高质量

中高职贯通数学课程的学习评价要以促进学生发展为目的,充分发挥评价的诊断功能、激励功能和教育功能。要通过学习评价收集信息,动态改进教与学。要对不同的学生提出不同的评价要求,既要关注学生知识与技能的理解和掌握、能力的提高,又要关注学生情感态度与价值观的形成与发展。

二、学科核心素养

（一）核心素养

数学核心素养是人们通过数学活动所形成的数学观念、了解的数学文化、获得的数学知识与能力的总称。中高职贯通数学核心素养主要包括"数学知识""数学文化""数学意识"和"数学能力"这四部分，这四方面相互依存、相互促进。其关系如图1所示。

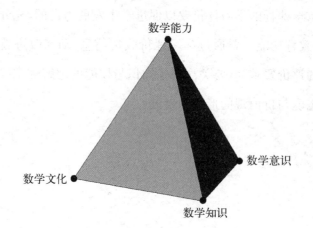

图1 中高职学生数学素养结构图

数学知识主要包含数学事实、概念、公理、法则、性质、公式、定理等客观知识，是形成其他数学素养的载体和基础。

数学文化表现为数学对社会文明贡献的认可，了解数学发展中的人文成分，形成对数学美感的赞赏，认识到数学与未来生活的联系，以及数学思想方法在数学内部和外部中的作用等。

数学意识表现为用数学眼光看世界的理念，对求真理性精神的认同，有条理思考的认知风格等。

数学能力是中高职贯通数学核心素养的重要组成部分,这种个性心理特征在与数学相关的问题解决过程中形成,又在问题解决过程中得以体现。

(二) 能力架构

中高职贯通数学课程应更多体现数学的工具性,培养学生解决各类问题的能力,在问题解决的各种形态转化过程中,需要数学知识和认知情感方面的保障,需要相应的数学能力,尤其需要最核心的"建模、解模、释模"三个环节中的数学能力。

在建立数学模型环节中,首要关注情境类别易于辨识、过程方法清晰、数学模型明确单一的数学模型建立,并根据各自专业的培养目标,分层次、有计划地提升建立数学模型能力的要求。

1.数学能力与问题形态结构

中高职贯通数学课程中的能力主要是指解决生活、生产实际和数学自身问题的能力。在解决问题的过程中,数学能力随着问题形态的不断转化得以体现。其关系如图2所示。

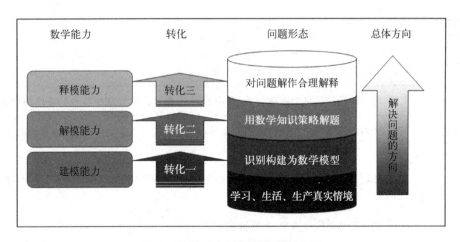

图2   数学能力与问题形态关系图

2.数学能力保障的简要关系

数学能力需要有数学知识和数学方法作为基础保障,需要有认同数学的作用以及运用数学的愿望作为情感保障。其关系如图3所示。

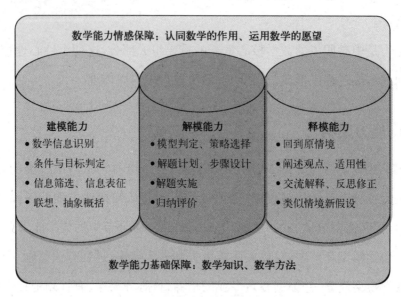

图 3　数学能力保障的简要关系图

3. 数学能力结构内涵表

数学能力体现在数学问题解决的"建模、解模、释模"三个环节中,具体能力结构内涵如下表所列。

能力类型	能 力 内 涵
1. 建模能力	1.1　能从具体情境中识别与数学相关的信息。
	1.2　能从识别的信息中筛选有效、有用的信息,确认现实情境中提供的条件和目标。
	1.3　能对所筛选的信息选择适当的数学语言进行简化表达,将不同的信息和数学语言进行联系,作出合理假设。
	1.4　能联想适当的数学对象,确定问题类别,将具体情境抽象概括成数学问题,建立相应的数学模型。
2. 解模能力	2.1　能判断数学模型类型,选择解题策略。
	2.2　能根据解题策略,作出适当的解题计划,明确解题步骤。
	2.3　能根据解题步骤,运用运算求解、空间想象、逻辑分析推理等获得数学问题的正确结果。
	2.4　能对解题过程、方法、数学思想作适当的归纳评价。

能力类型	能 力 内 涵
3. 释模能力	3.1　能将解模结果转化为原情境中的语言。
	3.2　能在原情境中解释解模结果的含义,表达自己的观点,对是否符合实际情境作出适用性判断。
	3.3　能对问题解决的方法、过程、策略作出适当合理的反思,对得到的观点进行交流和解释,并对是否需要修正作出判断。
	3.4　能对此类情境作出新的假设,并作拓展性的探索、思考。

三、课程目标

通过中高职贯通数学课程的学习，获得学习中高职贯通教育其他课程、进一步学习工作和未来公民所必需的数学基础知识和基本技能；了解基础知识和基本技能产生的背景、关联及应用；了解数学发生、发展的基本规律及其与社会发展的相互作用，提高对数学学习重要性的认识，激发数学学习的自觉性和主动性，为适应社会生活、继续教育和职业发展做准备，为终身发展奠基。

在数学学习活动中，通过体验、感受、探究、应用等过程，提高数学建模、数学解模和数学释模的能力，提高运用现代信息技术的能力。针对源于生活实际及与专业相关的情境，提高提出问题、分析问题和解决问题的能力，提高数学思考、数学表达、数学交流和合作的能力，体会数学课程中知识内容所蕴含的基本数学思想方法及其在数学思考中的积极作用。

通过中高职贯通数学课程的学习，激发对现实世界中数学现象的好奇心，提高学习数学的兴趣与学好数学的信心，形成良好的学习习惯，提高审美情趣。逐步认识数学的科学价值、应用价值和文化价值，逐步树立辩证唯物主义和历史唯物主义观点，具有理想信念和社会责任感，具有科学文化素养和终身学习能力，具有自主发展能力和沟通合作能力。

四、学习内容与要求

（一）课程结构

1. 课程内容结构

本课程学习内容由公共基础和拓展一、拓展二三部分组成。共 22 个主题，总课时为 432 课时。其中，公共基础部分为必修内容，288 课时，计 16 学分；拓展一、拓展二均为 72 课时，各计 4 学分，各校可根据专业需要进行选修，具体见下表。

模　块	性　质	学　时	学　分
公共基础	必修	288	16
拓展一	选修	72	4
拓展二	选修	72	4

2. 学习水平内涵

各主题由"能力描述""知识点""学习水平""情感态度与价值观"和"实施案例"五部分组成。对各主题中的具体内容，提出 A、B、C、D 四个层次的学习水平要求，各层次水平的内涵见下表。

学习水平	内　涵　描　述
A 水平	在结构完备、简单且熟悉的问题中，通过模仿，能直接运用概念、公式或常用结论等，按常规的步骤解答知识点单一的数学问题。
B 水平	在类型易于判别的问题中，通过清晰的步骤，能找出相关知识点之间的联系，选择和运用简单的解决策略，直接运用运算、推理等数学方法解答数学问题。

学习水平	内　涵　描　述
C 水平	在各类熟悉的情境中,通过选择和运用常见的数学建模方法,建立明确的数学模型。运用娴熟的运算、灵活的推理等解决数学问题,能将得到的数学问题结果回到原情境中加以合理解释,并能简单交流表达自己的观点。
D 水平	在各类情境中,能通过符号化等数学策略,建立清晰的数学模型。比较、选择和适当重组解题策略,运用较高水平的数学运算、推理等,解决相对复杂的数学问题。将得到的数学问题结果在原情境中进行反思,明确地表达交流自己的观点,合理回顾、解释和反思建模、解模和释模三个环节。

　　A、B、C、D四个层次的学习水平要求逐渐提高,后者包含前者,是累积递进的。

3. 学习主题与课时分配

模　块	序　号	主　题	建议课时
公共基础	1	集合与命题	12
	2	不等式	12
	3	函数	26
	4	指数函数与对数函数	24
	5	三角函数	30
	6	数列	22
	7	空间几何体	20
	8	平面向量	20
	9	直线与圆锥曲线	48
	10	二元线性规划	16
	11	数系的扩展	12
	12	排列与组合	14
	13	概率与统计初步	18
	14	流程框图	14

续　表

模　块	序　号	主　题	建议课时
拓展一	15	空间点线与平面	22
	16	极限	18
	17	导数与微分	32
拓展二	18	不定积分	12
	19	定积分	12
	20	空间曲面	12
	21	行列式与矩阵	22
	22	概率论与数理统计	14
			432

（二）内容与要求

主题 1　集合与命题

集合是数学最基本的概念之一。

集合的概念可通过对现实生活、数学实例的观察分析来进行描述,在此基础上,再通过实例学习集合的有关概念和表示方法,以及集合之间的关系和基本运算。

作为一种数学语言,使用集合语言可以简洁、正确地表达现实生活、数学内部中的一些对象及其关系,感受数学符号化的简洁性和抽象性。

能　力　描　述	知　识　点	学习水平
1. 会根据集合的概念对生活和数学实例中的对象进行划分,会判断元素与集合的关系。 2. 会用常用数集的表示符号,会识别空集并用记号标记。	集合概念与表示	B
3. 能用"列举法"和"描述法"来表示集合,并逐步形成特殊到一般和一般到特殊的能力。 4. 正确判断集合之间的包含关系,会求给定集合的子集、真子集。	集合间基本关系	B

续　表

能　力　描　述	知识点	学习水平
5. 会判断两个集合是否相等。 6. 会求两个集合的交集与并集。 7. 在具体情境中识别全集，会求给定子集的补集。	集合基本运算	C
8. 能使用 Venn 图来表达集合的关系及运算，直观图示集合关系式和运算式。 9. 理解原命题、否命题、逆命题和逆否命题，明确命题的四种形式及其相互关系，判断四种命题的真假。	命题四种形式	B
10. 理解充分条件、必要条件、充分必要条件的意义，能在简单问题中判断条件的充分性、必要性或充分必要性。	充分条件和必要条件	B
情感态度与价值观	体会集合语言的简洁性、抽象性和应用的广泛性，体会文字语言与集合语言之间的等价转换。能借助常用逻辑用语进行数学表达，体会常用逻辑用语在数学中的作用，提升数学运算、逻辑推理和从具体到抽象的能力	
实施案例	**教学案例：** 　　某中职校数学组共有 a、b、c、d、e、f、g 七位老师。他们上班使用交通工具的情况是：a、c 两位老师步行上班，d、e 两位老师骑自行车上班，b、g 两位老师乘公交车上班，f 老师先骑自行车到公交车站再乘公交车上班。用集合 A 表示步行上班的老师，用集合 B 表示骑自行车上班的老师，用集合 E 表示乘公交车上班的老师。 　　(1) 试用一个 Venn 图表达全集 U 及集合 A，B，E； 　　(2) 求出 $B \cup E$，$B \cap E$； 　　(3) 求出 $\complement_U A$。 **说明：** 　　按确定的标准分类是人们生活、工作的重要思想方法，集合的学习有利于这种思想方法的培养。本教学案例通过给出的实例情境，以教师到校上班的不同交通方式进行分类，构成具有实际意义的相应集合（建模）。教学注重 Venn 图的应用，集合交、并、补运算及其相关意义。 **评价案例：** 　　下列三个集合： $$A = \{x \mid x^2 - 3x + 2 = 0\},$$ $$B = \{x \mid x - 3 < 0, x \in \mathbf{N}\},$$ $$C = \{x \mid x - 3 < 0, x \in \mathbf{R}\}.$$ 　　其中可用列举法表示的集合是　＿＿＿＿＿＿＿＿　。 **说明：** 　　本评价案例涉及集合的表示法：描述法和列举法。描述法（$\{x \mid P(x)\}$，其中 $P(x)$ 表示元素 x 的共同特征）简明而充分地揭示了集合中元素的共同特征，而列举法表示元素具有直观清晰的特点。评价关注能否熟练地将描述法表示的集合用列举法表示，体会在合适的情形下选用恰当表示法的优越性。 **评价案例：** 　　命题：如果 $x > 10$，那么 $x > 0$。请写出该命题的逆命题、否命题和逆否命题，并判断四个命题的真假。 **说明：** 　　能写出简单命题的逆命题、否命题和逆否命题，并判断命题的真假，进而在辩证思维下理解四种命题之间的关系。		

主题 2　不等式

不等关系是现实世界中的一种基本数量关系。建立不等观念、处理不等关系与处理相等关系同样重要。

通过具体情境，感受在日常生活和现实世界中存在大量的不等关系，理解不等式（组）对于刻画不等关系的意义和价值；掌握求解一元二次不等式的基本方法，并能解决一些实际问题；会求解简单分式不等式和绝对值不等式。

本主题的学习有助于认识不等式（组）对于刻画数量关系的意义及应用价值，体会不等式、方程及函数之间的联系，感悟辩证统一的观点。

能 力 描 述	知 识 点	学习水平
1. 能从实际情境中建立一元二次不等式模型。	不等式的概念	A
2. 会作二次函数图象，并能指出一元二次不等式与相应二次函数、一元二次方程的联系；能用数学软件体现方程、不等式和函数在图象上的关系。	不等式的性质	B
3. 掌握一元二次不等式的解题流程，并用于解一元二次不等式，会用一元二次不等式模型解决简单的实际问题。	一元二次不等式的解法	C
4. 理解区间的概念，能用区间表示不等式的解集。 5. 理解邻域的概念，能从实际问题情境中抽象出含有绝对值不等式的模型。	含绝对值不等式的解法	C
6. 会解形如 $|kx+b|>a$，$|kx+b|<a$ $(a>0, k\neq 0)$ 的含绝对值不等式，并在转化为形如 $|x|>a$，$|x|<a(a>0)$ 的含绝对值不等式求解过程中，体会化归方法。	基本不等式	C
7. 利用实数的非负性导出基本不等式 $$a^2+b^2 \geqslant 2ab \quad (a, b \in \mathbf{R}),$$ 在此基础上，再导出相关的二元不等式。强调配方法思想的运用。	分式不等式	B
8. 会用化归方法解形如 $\dfrac{1}{ax+b}>c$，$\dfrac{1}{ax+b}<c$ 的分式不等式。	不等式应用	D
情感态度与价值观	1. 认识不等式有丰富的实际背景和广泛的应用，体会相等关系与不等关系是数学中两种基本的数量关系，逐步树立辩证思维和应用意识。 2. 体会不等式、方程与函数之间的区别与联系，结合数轴和函数图象，体会数与形的有机结合。	
实施案例	**教学案例：**　　当 c 分别为 -3，1，2 时，用数学软件作出如下二次函数 $y=x^2-2x+c$ 的图象，根据图象求出一元二次不等式 $x^2-2x+c>0$ 的解集。	

续　表

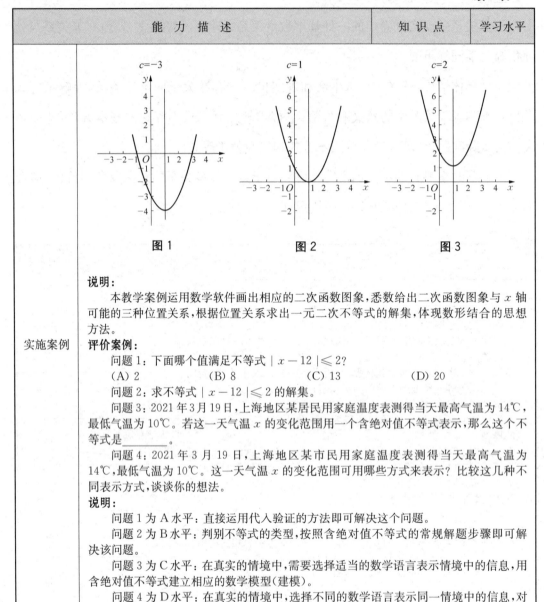

能　力　描　述	知 识 点	学习水平

实施案例

图1　图2　图3

说明:

本教学案例运用数学软件画出相应的二次函数图象,悉数给出二次函数图象与 x 轴可能的三种位置关系,根据位置关系求出一元二次不等式的解集,体现数形结合的思想方法。

评价案例:

问题1:下面哪个值满足不等式 $|x-12| \leqslant 2$?

(A) 2　　　　　(B) 8　　　　　(C) 13　　　　　(D) 20

问题2:求不等式 $|x-12| \leqslant 2$ 的解集。

问题3:2021年3月19日,上海地区某居民用家庭温度表测得当天最高气温为14℃,最低气温为10℃。若这一天气温 x 的变化范围用一个绝对值不等式表示,那么这个不等式是_____。

问题4:2021年3月19日,上海地区某市民用家庭温度表测得当天最高气温为14℃,最低气温为10℃。这一天气温 x 的变化范围可用哪些方式来表示?比较这几种不同表示方式,谈谈你的想法。

说明:

问题1为A水平:直接运用代入验证的方法即可解决这个问题。

问题2为B水平:判别不等式的类型,按照含绝对值不等式的常规解题步骤即可解决该问题。

问题3为C水平:在真实的情境中,需要选择适当的数学语言表示情境中的信息,用含绝对值不等式建立相应的数学模型(建模)。

问题4为D水平:在真实的情境中,选择不同的数学语言表示同一情境中的信息,对建立的不同数学模型进行比较分析(解模),对解题策略和解题过程进行回顾与反思,并交流自己的观点(释模)。

主题3　函数

函数是描述客观世界变化规律的重要数学模型。函数概念的建立使人们从常量数学进入到变量数学,是数学思维质的变化,实现了数与形的有机结合。

　　本主题在初中学习简单函数的基础上,进一步理解函数的本质是变量之间的相依关系。

　　知道函数的概念有丰富的实际背景和实际应用,体验运用函数概念建立数学模型的过程和方法,初步具备运用函数知识理解和解决简单实际问题的能力。通过对函数性质与图象的研究,培养数学抽象能力,领悟动态与静态之间的辩证关系。

能　力　描　述	知　识　点	学习水平
1. 在丰富的生活、生产(包括数表、图象)实例中,识别变量之间关系的函数模型,会求一些简单函数定义域,并能选择适当的工具求函数的值。	函数的概念	B
	函数的表示法	C
2. 会用恰当的方法(解析法、列表法、图象法)表示函数。指出生活、生产实际和专业课程中大量出现的列表法、图象法表示函数关系的实际含义。	函数关系的建立	C
3. 理解函数奇偶性与单调性的概念,会判断函数的奇偶性与单调性,会求常见函数的最值。	函数的性质	C
4. 能根据具体实例,了解简单的分段函数,并能简单应用。	函数的应用	D
5. 结合数学软件,理解函数零点与方程、方程与不等式之间的关系,体会二分法和逼近思想。	函数的零点	B
6. 理解复合函数的概念,会求简单复合函数的定义域和判断它的单调性、奇偶性等。	复合函数	C
7. 会用描点法作出 $y=x$、$y=x^2$、$y=x^{-1}$、$y=x^3$、$y=x^{\frac{1}{2}}$ 的图象,了解幂函数的概念和性质,会用数形结合的思想方法研究函数。	幂函数	C
情感态度与价值观	1. 了解函数概念发展历史,感受数学发展的艰难历程。 2. 发现身边函数实例,做到学以致用。 3. 利用数学软件等现代信息技术手段,形象直观地动态展示运动变化过程。	
实施案例	**教学案例:** 　　小汪骑车上学,一路以匀速行驶,只是在途中遇到一次交通阻塞,耽搁了一点时间…… 　　上学路程 s 是时间 t 的函数。根据上述情境,可画出如下函数图象(图1)。 图1　　　　图2　　　　图3	

能　力　描　述	知　识　点	学习水平

实施案例

　　(1) 小汪骑车上学,离家不久,天下雨了,于是立刻返回家中取了雨衣又继续赶路……
　　根据这一情境,通过想象,你可画出一幅怎样的函数图象? 试一试,画在图2中。
　　(2) 小汪骑车上学,如果路程 s 是时间 t 的函数关系,他的赶路情境可用图3的函数图象表示,那么你能想象小汪具有怎样的赶路情境吗?

说明:
　　本教学案例通过同一情境的三种不同境况,"据文识图""依文画图""由图叙文"三种不同状态,逐步深化递进。教学充分关注直观地表示变量间的依赖关系,从而提升对函数概念的认识。

活动案例:
　　截至2020年底,全国新能源汽车保有量达492万辆,新能源汽车的保有量呈快速增长趋势。
　　近年来,新能源汽车保有量与年份的关系用条形统计图表示如下:

近五年全国新能源汽车保有量（单位：万辆）

　　根据统计图,请做如下分析:
　　(1) 用函数的观点分析新能源汽车的保有量与年份的关系。
　　(2) 按照上面的发展趋势,预测2023年底全国新能源汽车的保有量。
　　(3) 到你所居住的小区居委会或物业公司调查:
　　小区2016年至2021年每年新能源汽车的保有量。将调查所得的数据用条形统计图表示出来,然后用函数的知识进行解释。

说明:
　　本活动案例旨在引导学生积极参与社会调查活动,通过活动发现生产、生活中某些变量之间存在依赖关系——函数关系,并感受函数的基本性质,从而加深对事物运动变化和相互联系的认识,在实践活动中形成学数学、用数学的意识和能力。

评价案例:
　　已知函数 $y = \sqrt{u}$, $u = x^2 - 1$,写出 y 关于 x 的函数表达式,求此函数定义域并判断单调性。

说明:
　　本评价案例旨在理解简单复合函数概念,会求出简单复合函数的定义域,并判断它的单调性等。

主题 4　指数函数与对数函数

本主题学习指数与对数的概念及运算法则、指数函数与对数函数的有关概念及基本性质,并在指数函数与对数函数的研究过程中进一步领会研究函数的基本方法。

认识指数函数和对数函数在现实生活中的广泛应用,体验简单的数学建模、解模和释模的过程。

了解对数运算在历史上对数值计算发挥过的重要作用,了解对数形成的背景和意义,渗透数学史与数学文化。

能　力　描　述	知　识　点	学习水平
1. 掌握指数运算的法则,会进行简单的指数运算。 2. 掌握指数式与对数式的互化。 3. 理解对数的意义,掌握对数的基本性质和积、商、幂的运算法则。 4. 通过具体实例(如细胞分裂、企业产值的增长、社会人口的增长、药物在人体内残留量的变化等),了解指数函数、对数函数的模型。 5. 理解指数函数的概念和意义,能借助计算器或数学软件画出它们的图象,了解在 $0 < a < 1$ 与 $a > 1$ 两种情况下指数函数图象及性质。 6. 由函数表达式引出反函数概念,理解函数与其反函数的定义域、值域之间的关系,并掌握互为反函数的两个函数图象间关系。 7. 利用对数函数与指数函数互为反函数的关系,研究对数函数的性质与图象,掌握对数函数的性质和图象。 8. 理解指数方程和对数方程的概念,会解简单的指数方程和对数方程。 9. 能利用指数函数和对数函数解决简单的应用问题。	指数及运算性质	B
	指数函数的概念	B
	指数函数的图象和性质	C
	对数及运算性质	B
	反函数	C
	对数函数的概念	B
	对数函数的图象和性质	C
	指数方程和对数方程	C
	指数函数、对数函数的应用	D
情感态度与价值观	了解历史上对数在天文大数值运算中的作用,以及在当代电子计算技术中的发展。	
实施案例	**教学案例:** 　(1)已知放射性元素镭一年衰变 0.044%,那么 1 克的镭经过 1 年、2 年……还剩下多少?设经过 x 年,这样得到函数: $$y = \left(\frac{99\,956}{100\,000}\right)^x。$$	

能　力　描　述	知 识 点	学习水平
（2）已知放射性元素镭一年衰变 0.044％,那么 1 克的镭经过多少年的衰变,所剩下的镭是 $\frac{1}{2}$ 克、$\frac{1}{4}$ 克、$\frac{1}{8}$ 克、……? 所剩下镭是 x 克呢? 这样得到函数: $$y = \log_{\frac{99\,956}{100\,000}} x.$$ **说明:**　本教学案例关注科学研究中存在的许多指数函数与对数函数的数学模型。 如放射性元素的衰变、细胞分裂、产值增长、人口增长、药物残留、考古科学等,都有广泛的应用。　预测、推断和精细化是科学研究的重要思想方法,指数函数与对数函数在这一方面具有重要作用。　本例中的两个问题,既有联系,又有区别,蕴含着反函数的基本思想。　**活动案例:**　使用计算器或数学软件进行运算:　（1）1.01^{365};1.02^{365}。　（2）0.99^{365};0.98^{365}。　**说明:**　本活动案例的目标可设定以下三个方面:　（1）通过用计算器、数学软件的操作活动,提高学生使用工具的能力,加深数学理解。　（2）通过指数运算,培养学生“数”感:底数大于 1 的实数,正数次幂后越来越大。 底数小于 1 大于零的实数,正数次幂后则越来越小。　（3）从数学文化上解释本题有一定意义,365 表示一年 365 天;$1.01 = 1 + 0.01$,即表示每天多做百分之一;$1.01^{365} = (1 + 0.01)^{365} \approx 37.8$,即表示一年中每天都比前一天多做百分之一,那么一年后的成就是第一天的 37.8 倍。 因而有人称 $1.01^{365} \approx 37.8$ 是励志公式。 同样,对于 1.02^{365}、0.99^{365}、0.98^{365} 等运算结果,可组织学生积极思考、查阅资料、交流心得,找到具有积极意义的解释。		

(**实施案例** 位于该行左侧)

主题 5　三角函数

本主题学习任意角的概念、弧度制、任意角的三角比、基本诱导公式及同角三角比的基本关系;三角函数的性质和图象及解三角形的方法;反三角函数与简单三角方程。

在运用三角函数知识和方法解决简单实际问题的过程中,增强数学的应用意识;体会三角函数作为刻画周期现象的数学模型的意义与价值。

认识周期现象在现实生活中广泛存在,体会周期在现实生活等领域中具有重要的作用。

能　力　描　述	知　识　点	学习水平
1. 了解任意角的概念,掌握终边相同的角的集合表示,能进行角的运算。了解弧度制概念,会进行弧度与角度的互化。 2. 以正弦、余弦和正切为主,理解任意角三角比的定义。掌握同角三角比的两个关系式: $\sin^2\alpha+\cos^2\alpha=1,\tan\alpha=\dfrac{\sin\alpha}{\cos\alpha}$,会进行简单的运算。 3. 借助直角坐标系中角的表示与三角比的定义推导简化公式(主要是 $\dfrac{\pi}{2}\pm\alpha,\pi\pm\alpha,2k\pi\pm\alpha,k\in\mathbf{Z}$ 的正弦、余弦和正切的公式)。 4. 能用两角和与差的正弦公式、余弦公式、正切公式进行简单的求值运算、化简、恒等变形。 5. 能用二倍角和半角公式求值、化简、恒等变形。 6. 引进三角函数概念($y=\sin x,y=\cos x,y=\tan x$)。会利用描点法画出正弦函数和余弦函数在一个周期内的图象,并利用信息化手段画出三角函数图象,体会三角函数的周期性。借助函数图象理解正弦函数、余弦函数在 $[0,2\pi]$ 上的性质(单调性、最大值、最小值、图象与 x 轴的交点、周期、奇偶性等)。 7. 理解正切函数的图象和性质。 8. 在实例中了解 $y=A\sin(\omega x+\varphi)$ 的意义。能借助数学软件画出 $y=A\sin(\omega x+\varphi)+k$ 的图象,观察参数 A、ω、φ、k 对函数图象变化的影响。 9. 认识三角形的边角关系,能用正弦定理、余弦定理解决简单的实际问题。 10. 理解反正弦函数、反余弦函数和反正切函数的概念,了解它们的图象和基本性质。会用计算器或数学软件求反三角函数的值,能用反三角函数的值表示角的大小。掌握最简三角方程解集的概念,会解简单的三角方程。	角的概念的推广	B
	弧度制	B
	任意角的三角比	B
	诱导公式	B
	两角和与差的正弦公式、余弦公式、正切公式	B
	二倍角及半角公式的正弦、余弦、正切	B
	正弦函数的图象和性质	C
	余弦函数的图象和性质	B
	正切函数的图象和性质	B
	正弦型函数的图象和性质	C
	正弦定理与余弦定理	D
	反三角函数与简单三角方程	B

情感态度与价值观	1. 认识同角三角比之间的相互联系,体会数学的转化思想。 2. 了解三角函数在机电、数控等专业领域的应用,增强应用意识。 3. 体会解三角形在解决实际问题中的作用。
实施案例	**教学案例:** 　　(1) 在直角坐标系中,用"五点法"作出函数 $y=\sin x$ 和函数 $y=\sin x-1$ 在 $x\in[0,2\pi]$ 上的图象(要求先列表找点,再描点作图),并根据图象写出这两个函数在 $x\in[0,2\pi]$ 上的单调递减区间及其相互关系。 　　(2) 利用图形计算器或数学软件作出函数 $y=\sin x$ 和函数 $y=\sin x-1$ 在 $x\in[0,2\pi]$ 上的图象,并对(1)中所作的图象精确状况作比较评价。

能　力　描　述	知　识　点	学习水平
说明： 用"五点法"作正弦函数 $y = \sin x$ 在 $x \in [0, 2\pi]$ 上的图象是教学的基本要求,看图识性,同时,感受技术手段作图与手工作图之间的联系与差别。 **活动案例：** 考察生活和生产中的旋转现象,开展交流讨论。 小王同学考察周边环境,发现了旋转门： 他首先发现旋转门有安全、美观、环保的优点,其次旋转门有三叶、四叶、多叶等不同造型,下面是他所摄制的照片：		

实施案例

三叶旋转门

四叶旋转门

多叶旋转门

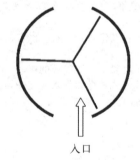

入口

　　结合任意角的知识,进行如下思考：如果有 15 位同学依次从饭店的三叶旋转门右边进入(如上图),两个转叶之间每次同时进入 3 位。15 位同学全部进入叶片至少要旋转多少度? 合多少弧度?

说明：
　　本活动案例旨在通过周边环境的考察活动,了解生活、生产中的旋转现象。实际上,如风力发电机叶片的旋转,计量水表指针的旋转,钟表时针、分针的旋转等都与角度有密切相关(建模)。在实践活动中体会角度(弧度)的变化,理解角度、弧度的实际意义,掌握角度与弧度的换算关系。

评价案例：
　　下图为中国上海世博园区的平面图(局部)。图中 A、B、D 分别是世博园区 A 展区、B 展区和 D 展区中三点。现测得 A、B 之间的距离为 873 m,$\angle A = 128.2°$,$\angle B = 26.3°$,求 A、D 之间的距离。(精确到 0.1 m)

续　表

能　力　描　述		知　识　点	学习水平
实施案例	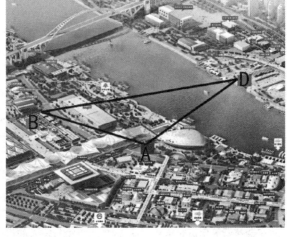 **说明：** 　本评价案例关注以下三点： 　1. 评价学生能否根据题中信息，恰当选择使用哪个数学模型——正弦定理还是余弦定理（建模）。 　2. 评价学生能否准确、迅速地求得结果（解模）。 　3. 评价学生能否对本题题意和结果进行多层次的反思。例如判断求得的结果是否合理，若题中信息改变为"已知测量所得的是展区 A 与展区 B 距离、展区 A 与展区 D 间的距离"，那么如何求得展区 B 与展区 D 的距离（释模）。		

主题 6　数列

数列是一个重要的数学概念，它在工农业生产以及经济生活中都有广泛的应用。

通过对日常生活中实际问题的分析，建立等差数列和等比数列这两种数列模型，探索并掌握它们的一些基本数量关系，感受这两种数列模型的应用，并利用它们解决一些实际问题。

能　力　描　述	知　识　点	学习水平
1. 能从实际问题中抽象、概括出数列问题，能描述简单数列的构成规律，并能根据构成规律写出其中前几项。	数列的概念	A
	等差数列的概念及通项公式	B

续　表

能　力　描　述	知　识　点	学习水平
2. 会判断某个给定的数列是否是等差数列、等比数列,能求出它们的通项与前 n 项和。 3. 会求等差中项、等比中项。 4. 能在具体的情境中发现数列的等差关系或等比关系,并能用有关知识解决相应的问题。	等差数列前 n 项和公式	C
	等比数列的概念及通项公式	B
	等比数列前 n 项和公式	C
	等差、等比数列的应用	D
情感态度 与价值观	1. 认识等差数列和等比数列有着广泛的应用,体会这两种数列模型的作用。 2. 体验"观察、归纳、猜想"的过程,体会数学发现的一般方法。	
实施案例	**教学案例:** 　　汽车变速器等用齿轮传动变速,输出的齿轮与输入的齿轮的转速之比叫作齿轮传动的传动比。 　　对于挡位比较多的汽车变速器,各挡位的传动比近似于等比数列的关系,称之"等比数列传动比分配方式"。 　　某种型号汽车五挡变速器的各挡传动比按从高到低的顺序为 $$i_{g1} = 6.854, i_{g2} = 4.236, i_{g3} = 2.618, i_{g4} = 1.618, i_{g5} = 1.000$$ 　　计算各挡传动比与高一挡传动比的比值,并判断该型号汽车变速器各挡位传动比是否采用等比数列传动比分配方式。(精确到 0.001) **说明:** 　　本教学案例情境取自汽车变速器,教学中首先要求通过计算来验证变速器各挡位传动比是否满足等比数列的定义,关注等比数列等数学知识在专业或生活中的体现与作用(建模),在本情境中感受公比与黄金分割比之间的联系。 **评价案例:** 　　右图为喜筵中的一个四层香槟台,搭建香槟台时,先用 10 个香槟杯拼出一个等边三角形形状作为底层,然后相邻 3 个香槟杯上叠放一个香槟杯,向上搭建。若由上而下,把每一层的香槟杯数量组成数列 $\{a_n\}$,则 $a_1 = 1$。 　　(1)填空: $a_2 = $ 　; $a_3 = $ _____ ; $a_4 = $ _____ 。 　　(2)判断数列 $\{a_n\}$ 是否是等差数列,并说明理由。 　　(3)观察数列 a_1, a_2, a_3, a_4 的变化规律,若按上述方式搭建一个 n 层的香槟台,则最底层香槟杯的数量 a_n 应为多少。 　　(4)该四层香槟台共用了多少个香槟杯? 若分别搭建这样的五层、六层香槟台,各需要多少个香槟杯? 

续　表

能　力　描　述	知　识　点	学习水平
实施案例		

<table>
<tr><td rowspan="2">实施案例</td><td>（5）搭建这样的香槟台越高现场效果越好，若现有 80 个香槟杯，如果让你负责这项工作，为取得最好效果，你会搭建几层的香槟台？
说明：
　　本题情境选用喜筵中香槟酒杯的放置境况，学生喜闻乐见。评价关注在酒杯自上而下，由少到多的放置状况下，能否概括出每层酒杯数量形成一个数列 $\{1, 3, 6, 10\}$，通过判断相邻两项之差是否是等差数列的同时，得出数列 $\{a_2-a_1, a_3-a_2, a_4-a_3, a_5-a_4\cdots\}$ 是等差数列，进而导出 $a_n=1+2+\cdots+n$。评价上关注学生采取具体数数与抽象推导的不同解题策略，及体现出的不同数学思维品质。</td></tr>
</table>

主题 7　空间几何体

在观察、实验的基础上了解平面的概念和基本性质，能用数学语言表示点、线、面及其基本关系。

从观察基本的柱、锥、球等几何体出发，了解它们的结构特征。学习三视图的初步知识，会识别生活、生产中简单物体的三视图，并能画出这些三视图，掌握多面体直观图的斜二测画法，掌握空间几何体的面积、体积计算公式。

在研究简单几何体的过程中，通过直观模型、直观图形认识空间线面之间的位置关系。通过作图训练，进一步提高空间想象能力。

能　力　描　述	知　识　点	学习水平
1. 通过实例描述平面的概念。会用平行四边形表示平面以及用字母表示平面。初步体会从现实世界中抽象出空间形式的方法。	平面及其表示法	B
2. 在观察、实验的基础上归纳平面的基本性质；通过用基本性质解释实际事例和证明有关推论，加深对基本性质的理解。会用文字语言、图形语言、集合语言表述平面的基本性质，并会用于进行简单的推理论证；掌握确定平面的方法。	平面的基本性质	B
3. 利用实物、模型，观察大量空间图形，认识棱柱、棱锥、圆柱、圆锥、球及其简单组合体的结构特征，并能运用这些特征描述现实生活中简单物体的结构。	空间几何体	B
4. 学习三视图的初步知识，会画简单几何体的三视图。初步掌握由几何体的三视图想象、表示几何体的能力。会用斜二测画法画长方体、正三棱柱(锥)、正四棱柱(锥)的直观图。	直观图	C
5. 掌握正棱柱、正棱锥、圆柱、圆锥与球的表面积和体积的计算公式，会进行有关的计算。	三视图	C

能 力 描 述	知 识 点	学习水平
6. 经历柱体与锥体的表面积和体积的计算公式的获得过程，体会"三维空间问题"向"二维平面问题"转化的思想，会解决空间几何体的计算。	简单几何体的表面积和体积	C
情感态度与价值观	1. 通过直观模型、图形学习抽象的几何知识，体会数学学习方法的多样化。 2. 通过直观图、三视图的学习，体会空间图形与平面图形之间的相互转化，体会数学知识之间的联系。 3. 了解空间图形对建筑等设计中的美学价值。	
实施案例	**教学案例：** 　　某甜品屋推出四款新品，如下图所示：    　　图1　　　　　图2　　　　　图3　　　　　图4 　　图1中的新品外观形状类似四棱锥，请写出其他三款的类似几何体名称： 　　图1为类似四棱锥；图2为＿＿＿＿＿＿； 　　图3为＿＿＿＿＿＿；图4为＿＿＿＿＿＿。 　　若图2中几何体的底面直径为8 cm，体积为48π cm³，求该几何体的高，并画出它的主视图。（实物与主视图尺寸比例为2∶1） 　　若为图2中蛋糕设计一个长方体的包装盒子，至少要用多少平方厘米的纸板材料？  **说明：** 　　本教学案例中选用常见的蛋糕造型，直观形象，情趣盎然。运用空间几何体的知识识别生活中几何体的主要特征，将它们简化、抽象为理想状态下的数学模型（建模），经过简单的面积和体积计算（解模）后，将结果在实际情境中加以合理解释（释模）。 **活动案例：** 　　下面是某同学的卧室和他自己画的卧室平面图：  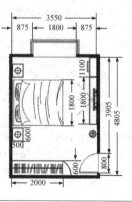	

续　表

能　力　描　述	知识点	学习水平
实施案例		

（1）要求每个同学画一张自己家里卧室的平面图，画出家具安放位置及标出相关尺寸，并在班级里开展一次展示活动。

（2）计算出各自卧室的面积。（精确到 0.01 m²）

（3）如上图，床头柜的高为 500 mm，画出它的直观图，并求出它的体积。（单位：m³）

说明：

人们的生活与空间几何体息息相关，经常需要对这些几何体进行测量估算、位置分析。本活动案例旨在通过活动，将空间几何体用平面图形（如视图）表示，再按要求进行一定的测算，经历平面图形与空间几何体相互转化的认识过程。

评价案例：

现有一座如图 1 所示的储粮仓库，其顶部是圆锥，下部是圆柱，其三视图的主视图尺寸如图 2 所示。

 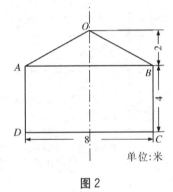

单位：米

图 1　　　　　　　　　　　　　图 2

（1）写出下部圆柱的底面半径 r 和高 h_1 的值。

（2）求顶部圆锥的高 h_2 的值。

（3）求这座仓库的容积。（精确到 0.1 m³）

（4）若在顶部铺防水布，试计算所铺布料的面积约为多少？（不计损耗，精确到 0.1 m²）

说明：

本评价案例关注是否能正确读懂三视图，是否能通过三视图中所标注的尺寸进行简单的几何量计算，是否能解决一些简单的实际问题。

主题 8　平面向量

向量是近代数学中重要且基本的数学概念之一，它是沟通代数、几何与三角函数的一种工具，有着极其丰富的实际背景。

通过多样化的实际情境理解平面向量，以及它们的加法、减法、数乘运算的意义，了解平面向量的数量积以及简单的应用。

能 力 描 述	知 识 点	学习水平
1. 能在实际情境中抽象出向量,会判断两个向量之间的关系(相等、共线、平行),会进行向量的几何表示。	向量的概念	B
2. 会进行向量加法、减法和数乘运算,并能进行几何表示。 3. 在直角坐标系中,会对平面向量进行坐标表示。	向量线性运算的几何意义	B
4. 会用平面向量坐标表示的形式进行加、减及数乘运算。 5. 经历由简单实例引入平面向量的数量积,掌握数量积运算的概念,会进行平面向量数量积的运算。	向量的坐标表示及线性运算	C
6. 会求向量的长度和两个向量的夹角,能讨论向量的平行和垂直关系。	向量的数量积	B
7. 会用平面向量解决简单的实际问题。	平行向量及垂直向量的坐标关系	B
情感态度与价值观	1. 体会向量坐标化的意义,提高学习向量知识的兴趣。 2. 认识向量是一种处理几何、物理等问题的工具,形成数学抽象和应用的意识。	
实施案例	**教学案例:** 　　已知向量 *a* 表示"由小赵家向正东 4 km 的电影院",向量 *b* 表示"由小赵家向正北 3 km 的超市"。 　　(1) 若向量 *a*＋*b* 表示"小赵家到火车站的方向和距离",试问小赵家离火车站有多少千米? 　　(2) 小赵的学校恰好处在电影院与超市的中间,用向量 *a* 和 *b* 如何表示学校与小赵家的位置? 小赵家离学校多少千米? 　　(3) 试画出符合上述情境的图象。 **说明:** 　　向量是物理量,方向和大小是它的两个基本要素。本教学案例抓住向量的要素,与向量的线性运算联系在一起,聚焦掌握向量的基本概念及其线性运算。 **评价案例:** 　　某水站供应甲、乙两种桶装水,它们的单价分别为 25 元、35 元,把(25, 35)叫作该两种桶装水的价格向量。某一天,该水站卖出甲、乙两种桶装水的数量分别为 200 桶和 150 桶,把(200, 150)叫作这两种桶装水的销售向量。 　　(1) 计算价格向量和销售向量的数量积。 　　(2) 试解释价格向量与销售向量数量积的意义。 **说明:** 　　评价应关注向量数量积的求解、在实际模型中数量积的意义,以及向量在平面几何中的简单应用。引导学生用向量知识解决实际问题和几何问题。		

主题 9　直线与圆锥曲线

　　学习直线和圆的方程的基本概念,直线与直线、直线与圆的位置关系,在平面直角坐标系中建立直线和圆的方程,学习椭圆、双曲线、抛物线的概念及其标准方程,能根据标准方程画出圆锥曲线的大致形状,探究其简单性质。在数学活动的过程中,初步体会用代数方法研究它们的几何性质,体现数形结合的重要思想。

曲线的参数方程和极坐标方程是在普通方程基础上的拓展,借助信息技术工具加深对曲线参数方程和极坐标方程的理解。

体会用坐标方法对建立形与数之间关系的意义,逐步建立事物间相互联系和相互转化的观点;通过直线与圆锥曲线的位置关系的研究,体会用代数方法研究几何问题的简捷性。

能 力 描 述	知 识 点	学习水平
1. 在平面直角坐标系中,能找出确定直线位置的几何要素,会求直线的倾斜角和斜率。会求点斜式、斜截式和一般式的直线方程。 2. 会画出二元一次方程所表示的直线。 3. 能根据直线斜率判断两条直线平行或垂直的位置关系。 4. 会根据二元一次方程组的解,求出两条相交直线的交点坐标。 5. 会求点到直线的距离,及两平行直线之间的距离。 6. 在平面直角坐标系中,能找出确定圆的几何要素,会求圆的标准方程与圆的一般方程。 7. 能根据直线方程和圆方程,判断直线与圆的位置关系。 8. 会用直线与圆的方程解决一些简单的实际问题。 9. 能根据椭圆、双曲线、抛物线的定义,写出相应的标准方程。 10. 能通过椭圆、双曲线、抛物线的标准方程,探究其主要性质,会画出相应的图形。 11. 会用椭圆、双曲线、抛物线及其方程解决一些简单的应用问题。 12. 理解参数方程的意义,领会建立曲线的参数方程的方法;知道常见曲线的参数方程,掌握参数方程与直角坐标方程的互化。 13. 掌握极坐标与直角坐标的互化,会简单地进行极坐标方程与直角坐标方程的互化。	直线的倾斜角与斜率	B
	直线的方程	C
	两条直线的位置关系	B
	两条直线的交点	C
	点到直线的距离公式	B
	圆	B
	圆的标准方程	C
	圆的一般方程	C
	直线与圆的位置关系	D
	椭圆的定义、标准方程与性质	B
	双曲线的定义、标准方程与性质	B
	抛物线的定义、标准方程与性质	B
	圆锥曲线的简单应用	C
	参数方程	B
	极坐标	B

能　力　描　述	知　识　点	学习水平
情感态度与价值观	感悟数形结合的思想方法,了解解析法在方法论中的作用。在曲线方程各种形态转化过程中,体验数学知识点之间的联系和结构的统一美、和谐美。		

实施案例	**教学案例:** 　　图 1 所示为古镇的一座石桥,它是由一个个圆拱构成的。图 2 是最高的一个圆拱,其跨度(桥孔宽)$AB=8$ m,拱高 4 m,在建造时,每隔 2 m 需建一个支柱,以支撑桥面。为求支柱的高,宜以 AB 所在的直线为 x 轴,线段 AB 的垂直平分线为 y 轴,建立平面直角坐标系 xOy。设该圆为 C,圆心坐标为 $(0,k)$,半径为 r。  图 1 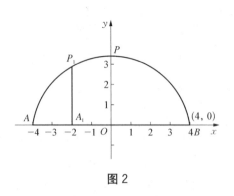 图 2 　　(1) 求圆 C 的方程。 　　(2) 求支柱 $A_1 P_1$ 的高度。 **说明:** 　　选用古镇石桥为背景,桥孔是圆拱。教学目的在于圆方程的正确建立与圆内相关线段(弦)的计算。教学重点是建立平面直角坐标系、掌握圆的标准方程及进行相关的计算。 **教学案例:** 　　下图为国家税务局规定的一种财务发票专用章,其设计要求呈椭圆形状,长轴长为 4 cm,短轴长为 3 cm。若将它置于如图所示的直角坐标系中,则它的标准方程为_____。

续　表

能　力　描　述	知　识　点	学习水平
实施案例	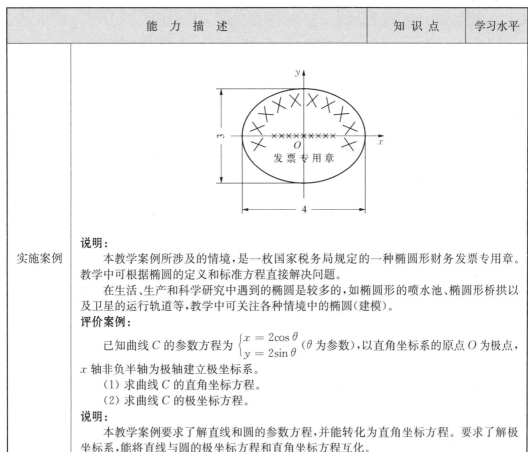 **说明:** 　　本教学案例所涉及的情境,是一枚国家税务局规定的一种椭圆形财务发票专用章。教学中可根据椭圆的定义和标准方程直接解决问题。 　　在生活、生产和科学研究中遇到的椭圆是较多的,如椭圆形的喷水池、椭圆形桥拱以及卫星的运行轨道等,教学中可关注各种情境中的椭圆(建模)。 **评价案例:** 　　已知曲线 C 的参数方程为 $\begin{cases} x = 2\cos\theta \\ y = 2\sin\theta \end{cases}$ (θ 为参数),以直角坐标系的原点 O 为极点,x 轴非负半轴为极轴建立极坐标系。 　　(1) 求曲线 C 的直角坐标方程。 　　(2) 求曲线 C 的极坐标方程。 **说明:** 　　本教学案例要求了解直线和圆的参数方程,并能转化为直角坐标方程。要求了解极坐标系,能将直线与圆的极坐标方程和直角坐标方程互化。		

主题 10　二元线性规划

线性规划是 20 世纪为解决经济生活中一些问题发展起来的。在当今的国民经济各个部门得到广泛应用,随着信息技术的飞速发展,将发挥越来越大的作用。

通过实际事例引入二元线性规划的数学模型和有关概念,加强与二元一次不等式组等数学知识的联系,会结合平面区域的图示或者信息化手段解简单的二元线性规划的数学模型,并将其解再回到实际情境加以检验和解释。

通过本主题的学习,体验实际问题转化为数学问题的数学化过程,尝试利用信息化手段解决实际情境问题,初步形成最优化意识和解决简单优化问题的能力。

能　力　描　述	知　识　点	学习水平
1. 能根据给定的二元一次不等式组画出相应的平面区域。	二元一次不等式(组)与平面区域	B
2. 能通过观察分析,从实际情境中找出限制条件,得到二元一次不等式组,建立相应的目标函数。	二元线性规划	C
3. 能解决简单的线性规划问题,并能回到实际情境中对结果加以检验和解释。	二元线性规划的应用	D

情感态度与价值观	1. 了解二元一次不等式的几何意义,进一步体验数形之间的有机结合,体验数与形之间的和谐统一。 2. 经历从实际情境中抽象二元线性规划数学模型的过程,体会现实需要是数学发展的原动力,培养最优化意识。
实施案例	**教学案例:** 　　为了丰富同学们的课余生活,提升艺术欣赏力,某职校开展了"走进企业看文化,走近芭蕾赏艺术"的活动,1 500名师生饶有兴趣地来到文化广场。某出租汽车公司担任这次活动的接送工作。该出租汽车公司有大巴15辆、中巴30辆;大巴每辆限乘50人,中巴每辆限乘30人;大巴每辆租金为560元,中巴每辆租金为350元。学校组织方如何预定好车辆,使这次参观活动的租车成本最低? 最低成本可为多少元? 　　(1) 理解题意,整理数量关系,填写表格: 　　　(2) 设出变量并写出线性约束条件和目标函数。 　　　(3) 计算目标函数在平面区域顶点的值,比较大小,得到目标函数的最小值。 **说明:** 　　本教学案例通过实际情境,引导学生阅读所给材料,筛选有用信息,利用数表整理数据,用适当的数学语言写出线性约束条件,在直角坐标平面上画出相对应的平面区域,并根据题意表示出目标函数,建立数学模型(建模),求出相应的最值(解模),将结果回到实际情境中加以解释,培养学生最优化意识(释模)。学习中,应重视信息化手段的应用。

表格(嵌入上方实施案例中):

	车辆数量(辆)	每辆车载客量(人)	每辆车的租金(元)
大巴			
中巴			

主题 11　数系的扩展

　　在实数的基础上,将数的概念扩展到复数,进行复数的四则运算并对实系数一元二次方程的解进行完整的讨论。

　　了解数的产生和发展简史,体会数文化的博大精深;认识数系的扩展是数学发现和创造的源泉之一,体会人类理性的力量,进一步树立辩证唯物主义观点。

能 力 描 述	知 识 点	学习水平
1. 领会引入虚数单位 i 的必要性，了解复平面在认识复数中的重要作用。 2. 会用复平面上的点表示复数，会进行复数的向量表示，会求复数的模和共轭复数，会进行相关的计算。 3. 会利用运算性质进行复数代数形式的四则运算，会用向量运算表示复数加减运算。 4. 理解复数的三角形式，并能用三角形式进行复数的乘法、除法、乘方的运算。 5. 掌握解实系数一元二次方程的解题流程，会在复数范围内解实系数一元二次方程。	数的概念的扩展	A
	复数的有关概念	B
	复数的四则运算	C
	复数三角形式的乘法、除法、乘方运算	C
	实系数一元二次方程在复数范围内的解	B
情感态度与价值观	通过数学史料的查阅交流，了解人类在数系扩展过程中的艰难探索。	
实施案例	**教学案例：** 　（1）已知复平面上的向量 $\overrightarrow{OZ_1} = (1, -2)$，$\overrightarrow{OZ_2} = (3, 4)$，分别写出这两个向量所对应的复数 z_1、z_2，并求 $\overline{z_1} \mid z_2 \mid$ 的值。 　（2）若复数 $z = 2 - i$ 是实系数一元二次方程 $x^2 + px + q = 0$ 的根，求 p，q 的值。 **说明：** 　从认识论上来说，鉴于复数的抽象性，它很难让人接受。然而通过复平面上复数所对应的有序实数对或对应的向量，让复数由抽象变得具体，从而使复数的模、共轭复数、复数的四则运算等的复数"双基"都赋予直观的几何意义。在本教学案例的教学过程中，应着重贯彻这一数形结合的思想方法，力求理解和掌握复数的有关概念与运算。 **活动案例：** 　网上查阅复数诞生的故事，小组交流发言，让学生了解数学文化的重大意义，培养学生的辩证唯物主义观点。 **说明：** 　复数的产生与发展，充满着人类社会的智慧，有着许多精彩传奇的故事，特别是一些数学家为之付出的艰辛令人感动。这一活动案例，要求学生通过查阅资料，组织交流，感知数学文化的博大精深，从而树立辩证唯物主义世界观。		

主题 12　排列与组合

排列、组合是一种重要的数学方法，它是进一步学习概率统计等数学知识的基础。

在本主题中，通过实例分析，学习计数的两个基本原理，排列、组合的概念，排列数、组合数的计算公式及其简单应用。

能　力　描　述	知　识　点	学习水平
1. 能根据具体问题的特征,运用分类加法计数原理和分步乘法计数原理解决一些简单的实际问题。 2. 在具体的情境中,能判断排列问题或组合问题。	两个基本计数原理	A
3. 会用树形图对排列组合问题进行分析,会用枚举法、分类讨论法等常用方法解决简单的计数问题。	排列的概念及排列数公式	B
4. 会用排列数公式、组合数公式进行相关计算,会用计算器或数学软件求排列数、组合数。 5. 结合实际问题,能对组合数的性质 $C_n^m = C_n^{n-m}(n, m \in \mathbf{N}^*, m \leqslant n)$ 作出合理的解释。	组合的概念及组合数公式	B
6. 经历导出二项式定理的过程,掌握二项式定理;通过归纳杨辉三角形并展开研究,发展探究能力。	二项式定理	B
7. 会解决一些简单的排列、组合实际问题。	排列组合应用问题	C
情感态度与价值观	认识计数在现实生活中的作用,领悟特殊到一般的思想方法。	
实施案例	**教学案例:** 　　用"读""书""好"这三个中文字,列出所有由这三个没有重复文字组成的不同短语。 **说明:** 　　由"读""书""好"三个字,组成的"读书好""读好书""书好读""书读好""好读书""好书读"六个不同短语,从语义、学习态度、学习内容等不同角度研读,都体现出积极向上的精神。 **评价案例:** 　　(1) 右图为一块上海汽车牌照,按照牌照上 1,3,5,7,9 五个数字,可以组成多少块没有重复数字的沪 G 牌照? 　　(2) 问题 1 中如果 9 位于五个数字首位,那么可以组成多少块没有重复数字的沪 G 牌照? 　　(3) 请你给问题 1 附加限制条件,提出一个新的问题。 **说明:** 　　本评价案例的情境为汽车牌照的一种字母和数字排列方式。评价关注真实的情境下,排列、组合模型的准确选择(建模),并关注情境的差别与相应数学模型的差异,考查提出问题的意识和能力。	

主题 13　概率与统计初步

概率论是研究客观世界中随机现象规律性的科学,在自然科学和经济学中都有广泛的应用,同时也是数理统计的理论基础。

统计的研究对象是数据,是研究如何收集、整理、分析数据的学科,其核心是数据分析。

在本主题中,通过实例分析,学习概率与统计的基本概念、计算公式,并体会概率与统计在日常生活中的应用。

能　力　描　述	知　识　点	学习水平
1. 理解随机事件的概念,掌握事件间的关系与运算,理解样本点、样本空间的概念。 2. 理解频率的定义及频率的稳定性,理解并掌握概率的定义及基本性质,了解事件的频率与概率的区别与联系。 3. 理解古典概型,会解决简单古典概型的应用问题。 4. 理解条件概率的概念,会运用概率的加法公式、乘法公式计算概率,了解全概率公式及贝叶斯公式。理解事件的独立性概念,会用独立性计算事件的概率,理解伯努利概型,会简单应用。 5. 理解总体、个体、样本和样本容量等概念,理解简单随机抽样、系统抽样和分层抽样的概念,了解抽样方法的应用。 6. 了解频率分布表和频率直方图,会根据具体情境,选择适当的统计图表表达相关信息;会根据统计图表数据进行分析运算,作出合理解释。 7. 理解总体和样本的均值、方差和标准差的含义,掌握其计算方法,能应用现代技术手段进行计算。	随机事件	C
	频率与概率	B
	古典概型	B
	条件概率与事件的独立性	B
	抽样方法	B
	统计图表	C
	统计量	B
情感态度与价值观	1. 认识单一随机试验结果的不确定性、大量随机试验结果频率的稳定性,体会偶然中的必然。 2. 通过对具体实例的分析研究,对样本观察值进行整理和分析,体会用样本估计总体的思想。	
实施案例	**教学案例:** 　　将一枚均匀的硬币连续投掷三次,观察正面 H,反面 T 出现的情况,以 X 表示每次试验正面 H 出现的总次数,请回答以下问题: 　　(1) 写出该试验的样本空间。 　　(2) 写出 X 的所有可能取值,并计算 X 不大于 1 的概率。 **说明:** 　　本教学案例综合考察了随机事件和概率的概念,并为后续学习随机变量的概念做了铺垫。 **活动案例:** 　　某小区打算在已有安防系统甲的基础上独立加装安防系统乙,已知每套系统单独运行时不失灵的概率分别为 0.95 和 0.96,请问甲、乙两套安防系统同时运行时安防水平有没有提高? **说明:** 　　本活动案例评价学生能否结合实际情境正确应用概率论的知识解决问题,该活动案例体现了概率论的实用价值。	

主题 14　流程框图

流程设计的思想方法广泛应用于生活生产实践之中,已成为现代公民的基本素养之一。

通过实例分析和经验概括,学习流程设计中的三种逻辑结构,并通过流程框图的形式表达设计过程。

在模仿、探索、构思、操作的学习设计流程框图过程中,体会流程设计在解决问题中的重要性和有效性,发展有条理的思考与逻辑关联的表达能力。了解中国古代数学算法中流程设计特征,从数学文化中增强数学素养。

能　力　描　述	知 识 点	学习水平
1. 能读懂流程框图所表示的实际意义和数学上的操作步骤。 2. 能识别流程框图中的三种基本逻辑结构:顺序、条件和循环。 3. 能够对简单的实际问题进行合理的流程设计。	流程的概念	B
	流程框图的基本逻辑结构	C
	流程设计应用问题	D

情感态度与价值观	1. 通过对典型问题解决过程与步骤的分析,体会流程设计思想。 2. 通过模仿、探索、构思、操作,经历通过设计流程框图表达解决问题的过程。 3. 了解中国古代数学机械化算法的特点,体验古老流程设计的魅力,增强民族自豪感。

实施案例	**教学案例:** 　　初中阶段我们学习过绝对值的概念: $|x|=\begin{cases} x & x>0 \\ 0 & x=0 \\ -x & x<0 \end{cases}$,下面程序框图表示求某个实数 x 绝对值的过程,试在判断框中填入适当的判定条件。 **说明:** 　　本教学案例借助通过求实数绝对值的过程,加深对流程框图的逻辑结构的理解;反之,通过对流程框图的分析加深对实数的绝对值概念的理解。 **活动案例:** 　　(1) 下图是互联网上购买火车票的流程示意图,购票流程由三个模块组成:注册模块、订票模块、支付模块。 　　请仔细阅读流程示意图中注册模块部分,理解它的含义,介绍相应注册模块流程框图的逻辑结构,阅读流程示意图中的支付模块部分,绘制支付模块的流程框图并阐述实际含义。

能　力　描　述	知 识 点	学习水平
实施案例		

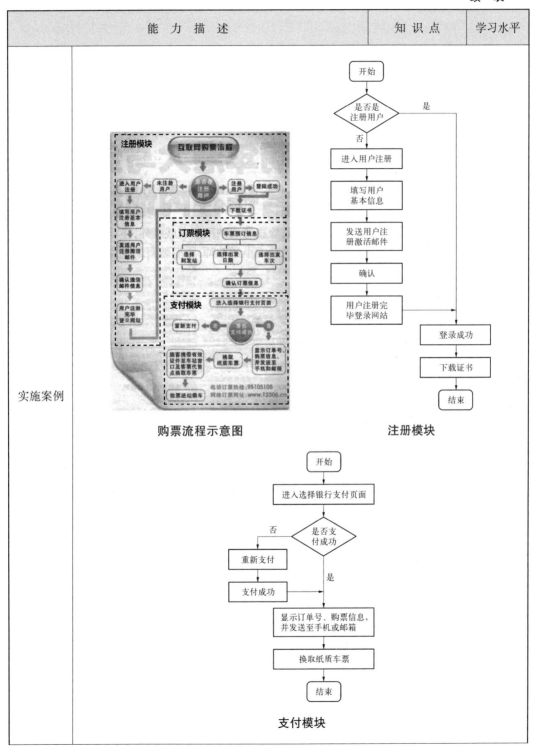

购票流程示意图　　　　　　　　　　　　　注册模块

支付模块

续　表

能　力　描　述	知　识　点	学习水平
实施案例	（2）张师傅从早晨起床到去单位上班要完成下列各项生活事务：起床穿衣、整理卧室与物品、烧热水（若有备用则不烧）、洗脸刷牙、上卫生间、电饭煲煮稀饭、吃早饭、开车出发。试根据这一生活情境，绘制合理的流程框图。 　（3）就生活、生产中的保险理赔流程图、汽车保养流程图、公安验车流程图等展开调研活动，发现现实流程示意图中的数学逻辑结构和作用，交流并体验这些流程图的意义和作用。 **说明：** 　本活动案例通过给定和学生自主发现的生活、生产中的流程问题，引导学生发现现实流程与数学流程框图的关联与差别，识别现实流程中的三种逻辑结构，并用数学流程框图合理地表达（建模），使现实流程的含意更为直观简明，体现数学流程框图理解、表征、解释现实情境的优越性（释模）。		

主题 15　空间点线与平面

空间解析几何是用代数方法研究空间几何图形的学科。它分析解决问题的基本思想方法，类同平面解析几何，通过代数方法的运算，认识图形的性质及图形间的关系。

类比平面直角坐标系中点、线相关内容，在三维空间中运用数形结合思想方法，研究空间点、线、面相关性质。将三维的空间问题转化为二维的平面问题，感悟三维和二维的转化关系。借助现代信息技术手段创建空间点、线、面，理解其相互关系和性质。

通过三维空间真实情境的数学化，逐步建立事物间相互联系和相互转化的观点，培养空间想象能力，在数学活动过程中体会用代数方法研究空间问题的简捷性。

能　力　描　述	知　识　点	学习水平
1. 会找出确定空间点和直线位置的几何要素，会求空间两点间的距离以及线段的定比分点。	空间直角坐标系	B
	空间点	C
2. 会对空间向量进行坐标表示，会求空间直线的方向向量和平面的法向量。	空间向量	B
3. 会计算向量积。	向量积	B
4. 会找出确定空间直线的几何要素，会求空间直线的一般式方程、对称式方程（又称点向式方程）与参数方程。	空间直线方程	C

能　力　描　述	知　识　点	学习水平
5. 会判断空间直线位置关系,会求两直线间的距离、两直线所成的角。 6. 会找出确定空间平面的几何要素,会求空间平面的一般式方程和点法式方程。 7. 会判断两个平面位置关系,会求直线与平面所成的角以及两个平面所成的角。 8. 会求点到直线的距离、点到平面的距离、直线到平面的距离以及两平行平面之间的距离。 9. 会根据直线方程和平面方程,判断直线与平面的位置关系。 10. 会用相关知识解决一些简单的实际问题。	空间直线的位置关系	C
	空间平面方程	B
	空间点与线面位置关系	B
	空间线面位置关系	C
	空间面面位置关系	C
	空间点线面的应用	C
情感态度与价值观	1. 感悟数形结合的思想方法,了解解析法在解决几何问题中的作用。 2. 体会三维和二维转化的思想方法,认识事物间相互联系和相互转化的关系。 3. 认识空间与现实的关系,通过数学理想化的点线面来描绘现实空间的关系,形成数学抽象和应用的意识。		
实施案例	**教学案例:** 　　证明每一个平行六面体的三条对角线交于一点并且互相平分。 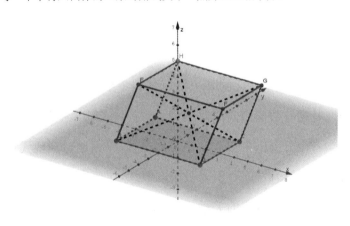 **说明:** 　　本教学案例可通过建立空间坐标系来解决问题,坐标系选取适当可以简化证明。 　　也可借助数学软件绘制平行六面体的空间图形,不仅几何直观强,便于观察发现,证明也变得简洁。		

续　表

能　力　描　述	知　识　点	学习水平
实施案例	**活动案例：** 　　下图为位于上海的中华艺术宫，"东方之冠"融合了多种中国元素，造型借鉴夏商周时期鼎器文化的概念。鼎有四足，起支撑作用。这就需要用四组巨柱将上部展厅托起，给人一种"振奋"的视觉效果，而挑出前倾的斗拱又能传达出一种"力量"的感觉。  　　(1) 平面 ABCD 与平面 EFGH 的位置关系是什么？ 　　(2) 平面 EFGH 与平面 IJKL 的位置关系是什么？ 　　(3) 直线 IJ 与直线 AB 是什么位置关系？它们所成的夹角是多少度？ **说明：** 　　本活动案例选用上海地标建筑，融传统文化与地域文化为一体。运用空间几何体的知识识别生活中的空间几何体的主要特征，将它们简化、抽象为理想状态下的数学模型(建模)，经过空间点、线、面位置关系的分析(解模)后，将结果在实际情境中加以合理解释(释模)。		

主题 16　极限

　　极限是研究自变量变化的某一特定过程中函数的变化趋势，是微分、积分和无穷级数的基础，是初等数学迈向高等数学的第一个台阶，极限思想方法贯穿于高等数学始终，在数学各个分支中占据非常重要的位置，深刻地影响现代社会的发展。

　　借助已学过的函数知识，引入极限的概念，主要介绍数列极限和函数极限、极限的运算方法、无穷大和无穷小的关系、无穷小的比较及函数的连续和间断。

　　关注与极限内容相关的实际背景，重视数学建模，借助信息技术手段，帮助学生直观理解无穷的含义，进而培养数学抽象能力，为进一步学习高等数学的其他知识奠定基础。

能　力　描　述	知　识　点	学习水平
1. 理解数列极限和函数极限的定义，会判断数列收敛或发散，理解函数极限存在的条件。 2. 掌握极限的运算方法，会求两个重要函数及其简单变形的极限。 3. 掌握无穷大和无穷小的定义，理解无穷大和无穷小的关系及无穷小的性质，掌握无穷小的比较方法。 4. 理解函数连续和间断的定义，掌握函数的连续和函数间断点的判断方法。 5. 理解闭区间上连续函数的最大值和最小值定理、介值定理及其推论。 6. 能运用极限的知识，借助信息化手段，建立简单实际问题的数学模型。	数列和函数的极限	B
	极限的四则运算法则	B
	两个重要函数极限	B
	无穷大和无穷小	C
	无穷小的比较	C
	函数的连续性	C
	函数的间断点	C
	闭区间上连续函数性质	B

情感态度与价值观	1. 结合数学史料，了解数学家对极限概念的艰难探索和不断完善过程。 2. 了解极限思想揭示变量与常量、无限与有限的对立统一，彰显唯物辩证法在数学领域中的应用。 3. 极限思想从直线形认识曲线形，从有限认识无限，推而广之，极限思想帮助人们从"不变"认识"变"，从量变认识质变，从近似认识精确。
实施案例	**教学案例：** 　　（1）等比数列首项 $a_1 = 100$，公比 $q = 0.65$，求 $n \to \infty$ 时的前 n 项和 $$S = \lim_{n \to \infty} \frac{100(1 - 0.65^n)}{1 - 0.65}。$$ 　　（2）求 $\lim\limits_{x \to 2} \dfrac{x - 2}{x^2 - 4}$。 　　（3）求 $\lim\limits_{x \to 0} (1 - x)^{\frac{2}{x}}$。 **说明：** 　　（1）理解 $n \to \infty$ 时等比数列求和方法。 　　（2）掌握不定型" $\dfrac{0}{0}$ "" $\dfrac{\infty}{\infty}$ "" $\infty - \infty$ "的极限求法。 　　（3）掌握两个重要函数极限：$\lim\limits_{x \to 0} \dfrac{\sin x}{x} = 1$、$\lim\limits_{x \to \infty} \left(1 + \dfrac{1}{x}\right)^x = e$，会求其简单变形的极限。 **活动案例：** 　　（1）让学生了解极限的由来及发展过程，了解相关数学家的生平与贡献。 　　（2）某城市电话费计价如下：前 2 分钟为 0.52 元/分钟，以后每增加 1 分钟或不满 1 分钟再加 0.36 元。试建立费用 C（元）和时间 t（分钟）的函数关系式，并讨论此函数的连续性。

续　表

能 力 描 述		知 识 点	学习水平
实施案例	**说明:** (1) 本活动案例旨在渗透数学文化,培养学生人文素养。 (2) 通过实例,让学生运用建模思想方法探寻费用与时间的函数关系;在与生活相关的实际情境中理解连续和间断的含义,判断函数是否连续(解模)。 **评价案例:** 求 $f(x) = \dfrac{\sqrt{x+2}}{x^2-x-2}$ 的连续区间和间断点,并判断间断点的类型。 **说明:** 本评价案例关注以下两点: (1) 评价学生能否根据题中信息,选择恰当方法寻找可能的间断点。 (2) 评价学生能否准确、迅速地判断间断点的类型。		

主题 17　导数与微分

17 世纪,随着用代数的方法解决几何问题,辩证法和运动思想进入数学领域,数学的发展进入变量数学时期,微分思想应运而生。

函数的变化率是求切线的斜率和求物体的瞬时速度等问题的数学抽象体现,从而形成导数的概念。导数(微分)是微积分的基础,是研究函数变化特征的有力手段。

众多的实际问题可以用微分解决,诸如求曲线的切线、法线问题,求变速物体运动瞬时速度问题,求函数最大(小)值问题等。

能 力 描 述	知 识 点	学习水平
1. 理解导数概念和导数的定义式及其几何意义。 2. 熟悉基本初等函数的导数;掌握导数的四则运算法则。 3. 会求简单复合函数的导函数。 4. 掌握简单的隐函数求导;会求由参数方程确定的函数的导数。 5. 了解高阶导数的定义,掌握高阶导数的求法。 6. 了解微分概念,掌握微分的运算法则。 7. 掌握函数单调性的判定法。 8. 理解极值的概念、极值存在的判定方法,掌握函数的极值求法。 9. 掌握函数最值的求法;会解决实际情境中的最值问题。	导数的概念	B
	导数的四则运算	C
	复合函数求导	C
	隐函数求导	B
	参数方程所确定的函数求导	B
	高阶导数	B
	微分及其运算	B

能　力　描　述	知　识　点	学习水平
10. 了解曲线的凹凸与拐点的定义；掌握曲线的凹凸与拐点的判定方法。 11. 会运用洛必达法则求极限。	函数单调性的判断	C
	函数的极值与最值	D
	曲线的凹凸与拐点	B
	洛必达法则	C

情感态度与价值观	1. 从导数概念形成过程中体会从简单到复杂、从特殊到一般的思想方法。 2. 了解导数在物理学、经济学等领域的运用，从定性和定量两方面考虑变化率，进而形成优化思想。

实施案例	**教学案例：** 　　如图，求过曲线在 M 点处的切线斜率。 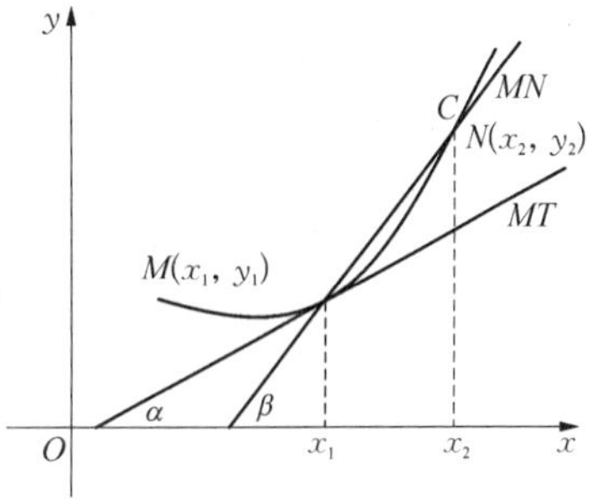 **说明：** 　　用平面解析几何求切线斜率问题，直观地引出导数的概念，体会从特殊到一般的思想方法，了解导数作为函数的变化率与极限的关系。 **活动案例：** 　　近年来，我国每年使用 60 亿到 70 亿个易拉罐，如果优化易拉罐的形状和尺寸，每个易拉罐节约一点用料，聚少成多，节约总量就很大了。 　　（1）实际测量一个易拉罐的高度、底面直径、材料厚度。 　　（2）假设易拉罐是一个圆柱体，而且使用材料厚度均匀一致，说明所测量的易拉罐的形状和尺寸（例如半径和高之比）合理性，并思考能否优化它的设计。 **说明：** 　　本活动案例旨在通过观察身边生产、生活中的现象，在优化思想下，提出数学问题，运用导数等数学知识分析问题、解决问题。 **评价案例：** 　　设工厂 A 到铁路垂直距离为 20 km，垂足为 B。铁路上距 B 点 100 km 处有一原料供应站 C，如下图所示。现要在铁路 BC 段上选一处 D 修建一个原料中转站，再由中转站 D 向工厂 A 修一条连接 DA 的直线公路。如果已知每公里铁路运费与公路运费之比为 3：5，试问中转站 D 选在何处，才能使原料从供应站 C 途经中转站 D 到达工厂 A 所需的运费最省？ 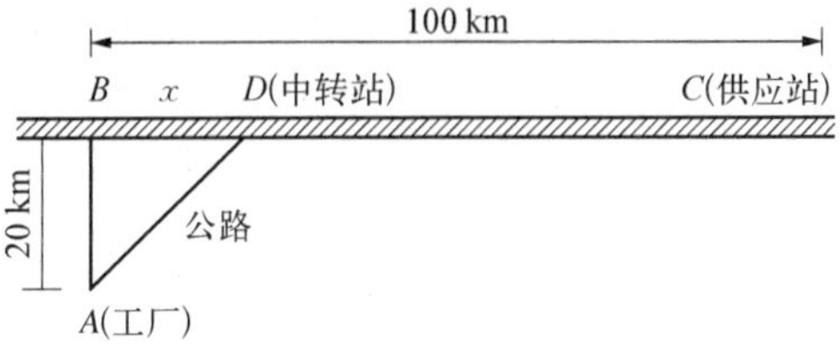

续　表

能　力　描　述		知 识 点	学习水平
实施案例	**说明：** 本评价案例关注以下三点： (1) 评价学生能否根据题中信息,找到变量之间关系,建立目标函数数学模型(建模)。 (2) 应用导数知识求解数学模型,评价学生能否准确求得结果(解模)。 (3) 把数学模型解得结果回到实际情境中,验证结果的正确性(释模)。		

主题 18　不定积分

不定积分是导数的逆运算,即已知函数的导数,求它的原函数,它是学习定积分计算的基础。

本主题学习不定积分的概念与性质,学习直接积分法、换元积分法和分部积分法。通过了解不定积分的发展简史感受互逆思想的形成过程,通过求各种不定积分的方法加深对不同函数之间联系的认识,在基本数学技能的演练过程中提高运算和思辨能力。

能　力　描　述		知 识 点	学习水平
1. 了解原函数和不定积分的概念,掌握不定积分的性质。 2. 会利用不定积分的运算性质和基本积分公式直接求出不定积分。 3. 会通过适当的变量替换(换元),把某些不定积分化为可利用基本积分公式的形式,再计算出所求不定积分。 4. 会用分部积分法计算不定积分。		原函数与不定积分的概念	B
		不定积分的性质与直接积分法	B
		第一类换元积分法	B
		第二类换元积分法	C
		分部积分法	B
情感态度与价值观	1. 以不定积分与导数互逆运算为例,体验互逆思想方法在社会各方面的运用。 2. 通过对不定积分符号的应用,感受数学符号的简洁美,激发学生的创新意识。		
实施案例	**教学案例** 　　已知曲线 $y = f(x)$ 在任一点 x 处的切线的斜率为 $3x^2$,且曲线经过点 $(1, 2)$,求此曲线的方程。		

续　表

能　力　描　述		知 识 点	学习水平
实施案例	**说明：** 教学中，首先根据已知条件得出曲线在任一点处的切线斜率表达式，再求一个可导函数，使它的导数等于已知函数，体会不定积分的运算就是求导运算的逆运算。 **评价案例：** (1) 求下列不定积分： ① $\int(x^2+2x-8)dx$；　② $\int \sin^3 x\cos x dx$；　③ $\int x\ln x dx$。 (2) 一物体以速度 $V(t)=2t^2+1$(m/s) 做直线运动，当 $t=2$ s时，物体经过的路程 $s=3$ m，求物体的运动方程。 **说明：** 评价案例 1 涉及不定积分的直接积分法、不定积分的换元积分法和分部积分法，它们是微积分学中的重要方法，评价关注学生能否熟练运用这三种方法求得结果，为进一步解决相关情境问题打下基础。 评价案例 2 通过了解位置、速度、加速度的关系，关注学生能否用积分方法解决物理学、经济学和其他专业领域中的实际问题。		

主题 19　定积分

定积分在理论和实践应用中都有十分重要的意义，自然科学与生产实践中的许多问题都可以归结为定积分问题。

本主题通过几何问题引入定积分的概念，探究定积分的性质和计算方法，感悟从初等数学到高等数学的过程，初等数学中不能解决的求曲边梯形面积等问题，用定积分可以有效解决；感受无限分割思想的形成过程，体验高等数学对人类社会发展的推动作用。

能　力　描　述	知 识 点	学习水平
1. 了解定积分的概念从现实原型抽象出来的过程，会用定积分表示曲边梯形的面积，了解定积分的几何意义，掌握定积分的性质。 2. 会用微积分基本公式进行相关的定积分计算。 3. 会用定积分的换元法和分部积分法计算定积分。 4. 会用定积分的微元法计算平面图形的面积和旋转体的体积。	定积分的概念和性质	B
	微积分基本公式	B
	定积分的换元法	B
	分部积分法	B
	定积分的几何应用	B

续　表

能　力　描　述	知　识　点	学习水平
情感态度与价值观　体验从无限分割到求和的过程,通过无穷小量的求和,体验辩证思维下对无穷的认识。		

教学案例:
　　已知函数 $f(x)=x^2-1$ 和函数 $g(x)=x+1$。
　　1. 作出 $f(x)$ 和 $g(x)$ 的图象。
　　2. 写出它们的交点坐标。
　　3. 求由函数 $f(x)$ 及函数 $g(x)$ 所围成图形的面积。

说明:
　　在日常生活和专业中,经常需要计算由曲线所围成的图形面积和旋转体的体积,本案例不仅要求学生掌握计算由曲线所围图形的面积,更重要的是让学生深刻领会用定积分解决问题的基本思想方法。

活动案例:
　　经过坐标原点 O 和点 $P(4,2)$ 的直线与直线 $x=4$ 及 x 轴围成一个直角三角形,将这个三角形绕 x 轴旋转一周构成一个底面半径为 2,高为 4 的圆锥体,如图所示,求这个圆锥体的体积。

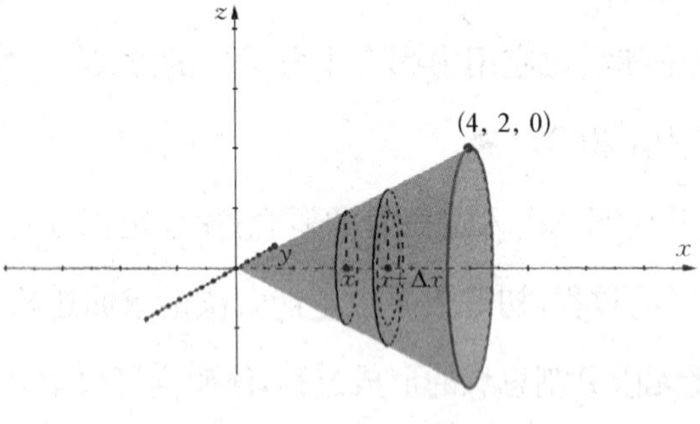

说明:
　　本活动案例通过学生操作数学软件,关注能否用定积分解决初等数学中空间几何体的圆柱、圆锥、球的体积计算问题,感受定积分在解决初等数学问题与实际问题中的作用。

评价案例:
　　(1) 求下列定积分:
　　① $\int_{-1}^{1}|x|dx$;
　　② $\int_{0}^{\frac{\pi}{2}}\sin^3 x\cos xdx$;
　　③ $\int_{1}^{2}x\ln xdx$。
　　(2) 某市绿化市容局要把如下图所示的一块区域改造成以蒲公英为主题的公共绿地,问这块区域的面积有多大?(单位:平方米)

续　表

能　力　描　述	知　识　点	学习水平
实施案例 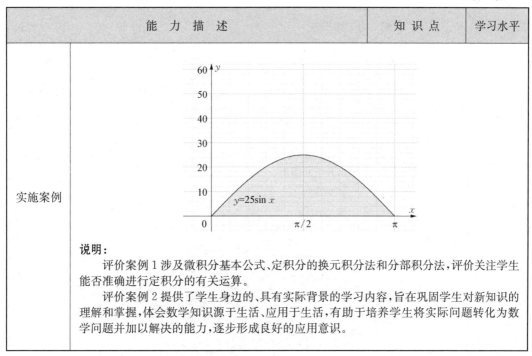		

说明：

　　评价案例 1 涉及微积分基本公式、定积分的换元积分法和分部积分法，评价关注学生能否准确进行定积分的有关运算。

　　评价案例 2 提供了学生身边的、具有实际背景的学习内容，旨在巩固学生对新知识的理解和掌握，体会数学知识源于生活、应用于生活，有助于培养学生将实际问题转化为数学问题并加以解决的能力，逐步形成良好的应用意识。

主题 20　空间曲面

球面、椭球面、双曲面、抛物面是常见的二次曲面，在现实生活中有着广泛的运用。

延伸对二次曲线代数化研究的思想，进一步体会用代数方法研究空间几何图形性质的思想方法，掌握常见二次曲面的标准方程和参数方程。

借助数学软件创建常见二次曲面，通过数形结合，探究简单性质。

能　力　描　述	知　识　点	学习水平
1. 理解球面的定义，掌握球面的标准方程、参数方程及其性质。	球面	B
2. 理解椭球面的定义，掌握椭球面的标准方程、参数方程及其性质。	椭球面	B
3. 理解双曲面的定义，掌握双曲面的标准方程、参数方程及其性质。	双曲面	B
4. 理解抛物面的定义，掌握抛物面的标准方程、参数方程及其性质。 5. 能通过球面、椭球面、双曲面、抛物面的方程，探究其主要性质，会画出相应的图形。	抛物面	B
6. 会用球面、椭球面、双曲面、抛物面及其方程解决一些简单的应用问题。	二次曲面简单应用	C

能 力 描 述	知 识 点	学习水平
情感态度与价值观	1. 体会空间曲面与平面曲线之间的关联,从运动变化观点体会动点成线、动线成面的基本思想方法。 2. 从实际情境的空间曲面物件中,体会数学的功用性,并感悟数学的形态美、统一美、和谐美。		
实施案例	**教学案例:** 　　一个椭球面,以 3 个坐标面为对称面,并且经过点 $A(2,2,4)$、$B(0,0,6)$、$C(2,4,2)$,求该椭球面方程,并画出其空间图形。 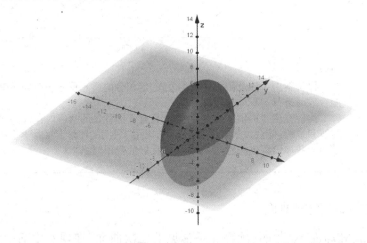 **说明:** 　(1) 本教学案例可直接将三点的坐标代入椭球面的一般方程,通过计算求得方程。 　(2) 借助数学软件绘制椭球面的空间图形。 **评价案例:** 　　广州塔是广州市的地标性建筑,如下图所示,广州塔的主体由一根主轴和若干倾斜的直钢柱构成,这些钢柱看似在围绕着广州塔的中轴线旋转。 		

续 表

<table>
<tr><th colspan="2">能 力 描 述</th><th>知 识 点</th><th>学习水平</th></tr>
<tr><td>实施案例</td><td colspan="3">(1) 由广州塔的外形，思考一条直线围绕另一条与其不垂直的异面直线旋转所形成的曲面是什么。
(2) 广州电视塔的外形与本主题学习的哪个二次曲面相关?
说明：
城市地标建筑是地域文化重要组成部分，结合数学的建筑设计理念，可以为世界创建出形态万千的美妙建筑。
本评价案例关注是否能根据空间几何体的几何特征正确识别二次曲面。</td></tr>
</table>

主题 21 行列式与矩阵

行列式和矩阵源于解线性方程组，随着不断发展完善，在数学分析、控制论、生物学、经济学等学科有大量应用。

本主题围绕解线性方程组展开矩阵与行列式的学习，进一步介绍矩阵的运算和初等变换、行列式计算，以及矩阵与行列式相关性质。

重视矩阵、行列式与解线性方程组之间关系，基本运算性质和方法，对于较复杂的运算，提倡运用数学软件等，以降低繁杂运算的难度。

<table>
<tr><th>能 力 描 述</th><th>知 识 点</th><th>学习水平</th></tr>
<tr><td rowspan="9">1. 掌握二、三阶行列式的对角线法则，会用对角线法则计算二、三阶行列式。
2. 理解余子式与代数余子式的概念，理解 n 阶行列式的概念；掌握行列式的性质，会用行列式的性质计算行列式。
3. 理解矩阵的概念，掌握一些特殊类型的矩阵。
4. 掌握矩阵的和、差、数乘、乘积、转置、方阵的幂等的运算规则，会进行矩阵的和、差、数乘、乘积、转置、方阵的幂等运算。
5. 理解矩阵的逆的概念，以及伴随矩阵与逆矩阵的关系，会用伴随矩阵求矩阵的逆矩阵。
6. 掌握矩阵的初等变换以及用初等变换求逆矩阵的方法。
7. 理解矩阵的秩的概念，会用矩阵的初等变换求矩阵的秩。
8. 理解消元法解线性方程组与矩阵初等行变换的关系，会运用矩阵的初等行变换(高斯消元法)解线性方程组。
9. 会判断非齐次线性方程组是否有解以及解是否唯一；掌握齐次线性方程组有非零解的充要条件；会对含字母系数的二、三元线性方程组解的情况进行讨论。</td><td>二、三阶行列式</td><td>B</td></tr>
<tr><td>n 阶行列式</td><td>B</td></tr>
<tr><td>n 阶矩阵的概念</td><td>A</td></tr>
<tr><td>矩阵的运算</td><td>B</td></tr>
<tr><td>逆矩阵</td><td>C</td></tr>
<tr><td>矩阵的初等变换</td><td>C</td></tr>
<tr><td>矩阵秩的概念</td><td>B</td></tr>
<tr><td>高斯消元法</td><td>C</td></tr>
<tr><td>一般线性方程组解的讨论</td><td>B</td></tr>
</table>

续　表

能　力　描　述	知 识 点	学习水平
情感态度 与价值观	1. 认识线性方程组和矩阵有丰富的实际背景,以及广阔的运用领域,体现"源于实践,又 　指导实践"。 2. 从行列式定义及基本形式相互转化过程中体会化归思想的运用。		

教学案例:

　　某地区有四个工厂Ⅰ、Ⅱ、Ⅲ、Ⅳ,生产甲、乙、丙三种产品,矩阵 A 表示一年中各工厂生产各种产品的数量,矩阵 B 表示各种产品的单位价格(元)及单位利润(元),矩阵 C 表示各工厂的总收入及总利润:

$$A = \begin{pmatrix} a_{11} & a_{12} & a_{13} \\ a_{21} & a_{22} & a_{23} \\ a_{31} & a_{32} & a_{33} \\ a_{41} & a_{42} & a_{43} \end{pmatrix} \begin{matrix} Ⅰ \\ Ⅱ \\ Ⅲ \\ Ⅳ \end{matrix}, \quad B = \begin{pmatrix} b_{11} & b_{12} \\ b_{21} & b_{22} \\ b_{31} & b_{32} \end{pmatrix} \begin{matrix} 甲 \\ 乙 \\ 丙 \end{matrix}, \quad C = \begin{pmatrix} c_{11} & c_{12} \\ c_{21} & c_{22} \\ c_{31} & c_{32} \\ c_{41} & c_{42} \end{pmatrix} \begin{matrix} Ⅰ \\ Ⅱ \\ Ⅲ \\ Ⅳ \end{matrix}$$

$$\quad\;\; 甲 \quad 乙 \quad 丙 \qquad\qquad 单位\;\;单位 \qquad\qquad 总收入\;总利润$$
$$\qquad\qquad\qquad\qquad\qquad\;\; 价格\;\;利润$$

其中:

$a_{ik}(i = 1, 2, 3, 4; k = 1, 2, 3)$ 是第 i 个工厂生产的 k 种产品的数量;

b_{k1}、$b_{k2}(k = 1, 2, 3)$ 分别是第 k 种产品的单位价格及单位利润;

c_{i1}、$c_{i2}(i = 1, 2, 3, 4)$ 分别是第 i 个工厂生产三种产品的总收入及总利润。

试用矩阵的运算表示矩阵 A、B、C 之间的关系。

说明:

　　本教学案例有助于理解矩阵乘法独特的运算方式,进而认识到数学中一切的概念与运算方式皆是来源于现实生活。

实施案例

评价案例:

　　设有行列式 $D = \begin{vmatrix} a_{11} & a_{12} & a_{13} & a_{14} \\ a_{21} & a_{22} & a_{23} & 0 \\ a_{31} & a_{32} & 0 & 0 \\ a_{41} & 0 & 0 & 0 \end{vmatrix}$。

(1) 根据行列式的定义计算该行列式。

(2) 利用行列式的性质计算该行列式。

(3) 思考能否像二、三阶行列式一样使用"对角线法则"展开计算该行列式。

说明:

　　本评价案例涉及运用定义计算行列式(降阶法),等价变形为上(下)三角形行列式的三角化法,将两种方法与"对角线法则"相比较,分析适用范围和各自特点。

活动案例:

　　右图是上海某区域单行道路网,据统计,交叉路口 A 每小时车流量为 500 辆,而交叉路口 C、D 的车流量分别是每小时 150 辆和 350 辆。请求出该道路网内每一条道路每小时的车流量。

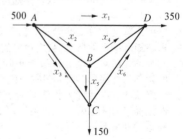

　　说明:

　　本活动案例旨在通过生活中的一个实例,考查学生能否根据题中信息恰当选择使用哪个数学模型(建模),是否能够准确地求得结果(解模),能否对本

续　表

能　力　描　述	知　识　点	学习水平
实施案例	题题意和结果进行多层次的反思。例如"若 CD 路段封闭,那么每一路段每小时的车流量又是多少呢?"(释模)。 　　本活动案例涉及一个六元线性方程组求解,有一定计算量,可借助数学软件进行运算。		

主题 22　概率论与数理统计

　　数据分析与处理是当代社会的重要思想方法,是众多数学模型的基石,特别是在大数据时代,数据处理可以借助现代技术手段快速完成,了解模型背后的数学原理就显得尤其重要。

　　本主题是在"概率与统计初步"主题基础上进行的拓展。在概率方面,通过具体实例,引入了随机变量及其概率分布、随机变量的数字特征等知识点。在统计方面,结合具体任务,学习参数估计、假设检验以及回归分析。

能　力　描　述	知　识　点	学习水平
1. 了解随机变量的概念,理解分布函数的概念及性质,会利用分布函数计算概率。	随机变量及其分布函数	B
2. 掌握离散型随机变量及其概率函数的概念与性质,掌握两点分布、二项分布、泊松分布等常用离散型随机变量。	离散型随机变量	B
3. 掌握连续型随机变量及其概率密度的概念与性质;掌握均匀分布、指数分布及正态分布的定义和性质。	连续型随机变量	B
4. 了解多维随机变量定义,了解随机变量的独立性定义,了解随机变量函数的分布。	多维随机变量	A
5. 掌握随机变量的数学期望、方差等数字特征的定义及性质,掌握常用随机变量的数字特征。	随机变量的数字特征	B
6. 了解 χ^2 分布、t 分布和 F 分布的定义;理解相关 α 分位数的概念,会应用技术手段计算分位点;掌握正态分布总体的一些常用抽样分布。	抽样分布	B
7. 理解点估计的概念,了解评价估计量的标准;理解参数区间估计的概念,会选取合适的公式求正态总体均值与方差的置信区间。	参数估计	B
8. 理解显著性检验的基本思想,掌握假设检验的一般步骤,理解假设检验的两类错误;理解单个正态总体的均值与方差的假设检验,会在给定公式的情况下选择合适的公式进行相关计算;了解双正态总体的均值与方差的假设检验。	假设检验	B
9. 了解回归分析的基本思想;了解一元线性回归模型的含义以及模型参数的统计意义,掌握一元线性回归模型参数估计方法,能运用数学软件建立回归模型,并检验回归方程的显著性。	回归分析	B

续　表

能　力　描　述	知　识　点	学习水平
情感态度与价值观	1. 现代社会离不开数据，数据处理离不开数学，要培养"心有中数"的意识，了解与掌握"数据思维模式"。 2. 应用现代信息技术工具解决运算量较大问题，进一步体现数学的工具性。		

| 实施案例 | **教学案例：**
　　近年来随着我国人民生活水平的提高，学生的平均身高也在不断增长。某学校 2020 年入学的男生平均身高为 172.7 cm，标准差是 6 cm，假设这些学生的身高近似服从正态分布，求：
　　(1) 大小为 9 的随机样本平均身高落在 168 cm 和 176 cm 年之间的概率。
　　(2) 大小为 9 的随机样本平均身高小于 185 cm 的概率。
说明：
　　本教学案例涉及正态分布、抽样分布等知识点，通过对日常生产、生活中概率统计问题的分析，培养学生将实际问题转化为数学问题的能力。
活动案例：
　　随着中国特色社会主义建设的不断推进，上海市居民的人均可支配收入也在不断地增长，2018 年上海全市居民人均可支配收入为 64183 元（上海市统计局官网数据）。现有 2019 年上海市全市居民人均可支配收入的一个样本为：74 028、73 130、65 681、61 067、69 889、72 547、63 843、72 100、72 060（单位：元）。假设居民人均可支配收入服从正态分布。求：
　　(1) 计算 2019 年上海市居民人均可支配收入的样本均值。
　　(2) 计算 2019 年上海市居民人均可支配收入的样本方差。
　　(3) 在置信水平 95％下，试检验 2019 年上海市居民人均可支配收入是否比 2018 年有显著上涨。
说明：
　　本活动案例通过本市人民日益美好的生活数据，融课程思政于案例之中，培养学生对日常经济活动数据的观察了解，进而提出统计问题，并分析和解决问题，从而体现统计学的实用价值。
评价案例：
　　下表是某企业连续 6 年的销售收入与广告投入的数据：

表格

　　(1) 请分析广告投入与销售收入的关系，并估计广告投入为 100（百万元）时，企业的预期销售收入。
　　(2) 你对选择的模型有什么看法？
说明：本评价案例评价学生能否根据题中信息恰当选择统计方法来解决问题（建模），评价学生能否应用统计方法求得结果（解模）、反思建立的模型、判断是否需要重建模型（释模）。 | | |

广告投入 x（百万元）	18	32	41	52	74	87
销售收入 y（百万元）	24	44	56	78	97	108

五、学业质量

（一）学业质量内涵

学业质量是学生在完成课程阶段性学习后的学业成就表现，反映学科的核心素养要求。以核心素养为主要维度，结合本课程标准中的内容与要求，对学生学业成就的具体表现特征进行整体描述。

中高职贯通数学课程学业质量标准是教材编写的参照依据，是学业质量考核命题与评价的依据，对学生的学习活动、教师的教学活动具有重要的指导作用。

（二）学业质量描述

根据职业教育各阶段学生核心素养表现、课程目标及学业要求，中高职贯通数学课程学业质量标准主要从以下两个方面来评估学生的核心素养达成及发展情况。

（1）以模块化的数学知识主题为载体，获得必需的数学基础知识、基本技能、基本思路和基本活动经验，逐步提高学生数学运算、直观想象、数学抽象、逻辑推理、数据处理和数学建模等核心素养。

（2）学生经历具有职业教育特色的数学课程学习，提高学习兴趣、增强学习自信心和主动性，结合日常生活和专业课程，认识数学的功用，逐步形成"建模、解模、释模"的能力，会用数学眼光观察世界、用数学方法分析世界、用数学语言表达世界。

具体学业质量标准如下表：

板　块	学 业 质 量 描 述
公共基础 代数部分	能结合生活和数学实例,理解集合和不等式概念,能进行集合基本运算、不等式求解,体会数学语言的表达与应用。能掌握指数、对数运算法则,理解指数函数、对数函数的概念、性质及图象特征。理解任意角三角比定义,掌握同角三角比的关系,灵活运用三角公式进行求值、化简、恒等变形等运算;借助信息化手段理解和掌握正弦、余弦、正切等三角函数的图象和性质。理解复数、排列、组合、概率等概念,并能进行相关的运算;能发现一些基本数量关系,建立等差、等比数列模型。能运用以上知识解决一些实际问题。 　　能运用数学符号,感受数学语言的简洁、严谨和抽象。能感悟用函数描述客观世界的变化规律,体验用函数建立简单数学模型去分析、解决实际问题的过程,逐步形成用数学的能力。 　　在数学知识点的关联中,能感悟辩证统一思想;在函数图象与性质中体会数形结合思想方法;在对实际情境分析中,增强数学的应用意识。
公共基础 几何部分	能借助实物、模型、信息技术手段观察理解棱柱、棱锥、圆柱、圆锥、球等空间几何体的结构特征,掌握正棱柱(锥)、圆柱(锥)及球的表面积、体积计算公式,会画简单几何体的三视图、直观图。理解平面向量、空间向量,能进行平面向量和空间向量的相关运算,了解向量是沟通代数、几何与三角函数重要的工具之一。掌握直线和圆的方程、直线和圆的位置关系,理解椭圆、双曲线和抛物线的概念、标准方程、曲线形状及简单性质;能理解点、线、面之间的位置关系,并解决相关问题。掌握运用二元线性规划解决问题的基本流程。 　　能感悟三维空间问题与二维的平面问题之间的转化,增强空间想象能力,能体会用代数方法研究几何问题的便捷性,能通过二元线性规划养成优化思想和数形结合的思想,并运用到实际问题的解决之中。 　　体会从现实世界中抽象数学知识的方法,经历体验、感受、探究、应用等过程,感受数学文化,养成良好的数学学习态度和习惯,形成一定的应用意识和能力。
拓展部分	能结合信息技术手段理解极限、无穷大、无穷小的概念,掌握极限的运算方法,了解函数的连续和间断。理解导数、微分的概念,掌握导数和微分的运算法则,掌握导数的运用。能理解不定积分的概念及性质,掌握不定积分的计算方法;理解定积分的概念、几何意义、性质,能用定积分的基本公式、换元法和分部积分法等进行定积分的计算,能用定积分知识对平面图形面积和旋转体体积进行计算。理解球面、椭球面、双曲面、抛物面等常见二次曲面概念,并能掌握它们的方程、性质及图形特征。掌握行列式和矩阵的概念及相关运算,会对线性方程组解的情况进行讨论。理解随机变量的概念,掌握常见随机变量及其数字特征,理解参数估计、假设检验及回归分析等基本统计方法并会简单应用。 　　能体会导数(微分)研究函数变化特征的价值,感受积分在理论和实践中的意义,通过极限思想和对无穷的理解,提升数学抽象能力。能用概率和数理统计相关知识进行数据处理,不断提高发现数学信息的能力,形成用数学的眼光和方法观察、思考世界,提升敏锐提出问题、有条理分析问题、系统解决问题的能力。 　　能逐渐认识到数学学科的科学价值、应用价值和文化价值,树立辩证唯物主义观点,形成批判质疑、克服困难、勇于探究的科学精神,具备一定的创新意识、科学文化素养和终身学习能力。

六、实施建议

（一）教材编写

教材是实施教学的主要资源,也是执行课程标准的重要载体。中高职贯通数学学科教材的编写须以此课程标准为依据,在与义务教育内容衔接的基础上,注重初等数学和高等数学知识体系的一体化设计,体现数学学科为学生专业学习、职业发展服务,以及助力实现职业教育为区域经济发展、社会进步培育技术技能人才的目标。

（1）要贯彻落实立德树人的根本任务。教材编写要体现职业教育新的发展要求,注重数学的科学价值、文化价值、应用价值,以及职业精神、工匠精神的有机渗透,突出教材内容的德育功能,发挥数学学科独特的育人价值。

（2）要体现数学学科的规范性和科学性。教材要落实本课程标准提出的目标任务和学业水平要求,严谨规范、科学系统地呈现数学的本质内容、概念和结论形成过程,体现数学的思想与方法。注重数学发展史、数学文化、数学之美以及敢于质疑、探索的科学精神的适时渗透。

（3）要体现数学学科的工具性和职业性。教材要突出数学普遍适用的特征,避繁就简。同时,要注重选择与学生学习生活、专业实践密切相关有实际意义的素材,强化数学的应用、问题的解决及实践探究能力的培养,增加学生基于真实情境下问题解决的活动体验机会,体现职业教育数学学科特色。

（4）要体现时代和科技的进步。教材在呈现近现代数学基本内容和观点的基础上,要体现内容的时代气息,带领学生了解数学对人类社会进步的贡献。重视数学内容与信息技术的融合,借助科技进步成果、信息化手段来推动数学知识的学习和数学能力的培养。

(5) 要把握各主题内容间的内在关联。在考虑数学知识本身内在逻辑关系的基础上,要充分考虑学生的心理特征和认知水平,在不违背知识逻辑顺序的前提下,可对本课程标准的具体内容安排的顺序及结构作适当调整。结合相关主题内容可适当拓展背景材料和示范案例,为学生提供自主学习与探究交流的机会。

(6) 要建立有效的训练系统。须精选例题、习题,在例题习题的内容及呈现形式上体现分层、多样、实用的特点。通过适度的训练,帮助学生理解基础知识,掌握基本技能,提高分析问题、解决问题的能力,提升数学的核心素养。

(二) 教学实施

教学实施是实现教学目标的核心阶段,要体现课程的基础性、应用性、职业性和发展性,选择符合教学内容、教学目标,切合中高职贯通培养模式的教学实施策略,帮助学生理解和掌握数学学科的基本思想、基本方法,培养满足社会发展、职业生涯发展所必备的数学能力、数学素养。

(1) 教学过程中,教师要坚持正确的育人理念,关注学生道德品质、价值观念、文化素养、严谨精神的培育。帮助学生逐渐形成辩证唯物主义和历史唯物主义的世界观和方法论,培养积极向上的心态和善于思考、敢于实践的习惯,知行合一,体现教学活动过程中的育人作用。

(2) 强化基础知识、基本技能、基本思想和基本活动经验的培养。立足中高职贯通数学教学的实际,在教学实施中把开展基础知识的学习,以及问题探究、实际应用等基本能力的提升落到实处。丰富数学活动的内容和形式,重视学生核心数学思想和方法的培养。

(3) 要注重学生数学能力的培养。注意选取和学生职业生涯、生活相关、开放性强的情境问题,倡导通过这些有实际意义问题的解决,提升学生数学抽象、分析问题和解决问题的能力。采取有助于学生综合能力发展的教学方法和途径,适度运用变式训练,使学生掌握通性通法,让学生在数学活动中,提升建模、解模、释模能力。

（4）树立学生在学习活动中的主体地位。要激发学生的学习兴趣和信心,鼓励学生主动学习、主动思考。要在教学设计中加强信息技术的运用,教师有责任指导和帮助学生掌握运用现代信息技术辅助数学学习的基本技能,运用适当的教学手段和资源,为学生提供思考的机会,多采用自主探索、动手实践、合作交流等形式,让学生动手又动脑。同时,要引导学生对自己的学习进行总结、反思和交流,鼓励学生学会质疑,培养实事求是、严谨理性的科学精神。

（5）教师要不断提升自身能力。要在继续教育、自我学习中体会数学在研究领域、研究方式以及应用范围上的不断发展和完善。教师要学会反思自己的教学理念、教学行为,不断改进和调整教学方式方法,提高自身教学水平和教学能力。尤其要主动学习和应用现代化教育手段,重视数学软件在认知层面上的运用,通过信息技术带动学生对新知识、新技术的探究,教学相长,不断促进教学效率的提高、教学效果的提升。

（三）学习评价

学习评价是教育教学活动的重要环节,应遵循职业教育规律,以中高职贯通数学学科统一评价为基础,建设客观、全面、系统的评价体系,发挥好评价的诊断、激励、调节和教育的作用,体现评价的增值功能,从而促进学生的道德品质、科学素养和人文精神的成长。

（1）要以本课程标准作为评价依据。全面了解学生学科知识掌握的内容、范围、广度和深度,以及对解决实际问题能力进行客观评价。综合学生学习能力的发展水平、学习的兴趣与态度、提出问题和探究问题的能力,以及对质疑、创新、科学精神等方面作出系统评价。

（2）构建多元评价体系。学习评价包括教师对学生的评价,还要体现学生的自评、互评,同时注意内容分类与要求分层相结合,建立目标多元、内容多元、主体多元、形式多元的多元评价体系。同时,要以人为本,关注学生的成长,以发展的、动态的理念发挥评价的积极作用。

（3）评价要科学合理。要把握对知识、能力要求的高度,同时要关注学生在学习过程中的行为,加强学生情感态度与价值观形成等过程性评价。在客观公正的量化评价基础上,可采用综合评定、成长行为记录等形式的定性评价,激励学生更加自信、更加主动地参与到教学活动中。

（4）体现评价的激励功能。在数学知识的学习、数学思想的领悟、问题的解决、数学的表达以及探究的过程中,都要合理发挥学习评价的诊断功能。及时发现并反思教师"教"及学生"学"过程中的不足,体现评价的激励与教育功能,促使师生共同成长,让更好的评价促进更好的教与学,不断提升教学质量。

（四）课程资源

课程资源是一切能运用到教育教学活动中的各种工具、材料、人力,以及环境。开发和利用好课程资源,能更好地促进课程目标的达成。课程资源要注重学科知识、技术技能、人文素养等有机融合。

（1）文本资源。文本资源包括教材、教学参考书、练习册等,这些资源承载着教学内容、数学思想方法、教学的实施建议、历史背景材料、人文性资料,以及现代信息技术应用等。要根据教学实际需要,以提高教学效果为目的,对学科的文本资源进行整合和优化,充分挖掘蕴含其中的价值,落实教学目标。同时,鼓励教师积极参与文本资源的建设、开发,拓宽分享渠道,提高使用效率。

（2）数字化资源。数字化资源包含视频、音频、软件、网站、在线学习管理系统等,具有多样、交互、形象、共享和便捷等特点。在教学中,有机融合课件、实验、教具、学具、动态演示视频等数字化资源,可以激发学生的学习热情、拓展学习内容和途径、提升教学成效。教师要不断提升运用现代信息技术水平,结合教学内容,积极开发、制作、运用、再创造学科的数字化资源,并融合到课程的教学过程中,体现充分利用信息技术、科技成果是现代职业教育的有效手段和必要途径。

（3）社会资源。社会资源包括人力资源、人才资源、环境资源、社会资讯、实践活动资源等,是课程资源不可或缺的一部分。应结合教学内容和教学目标,积极开发和利用好社会、企业、行业等与数学课程相关的各种资源。利用好校级层面、市级层面、数学与专业学科之间丰富的人力资源,社会资源的有效利用可以为教学活动提供有力支撑。

（五） 保障措施

有效的保障措施是实现教学目标、提升教学质量的保证。在教学保障中要突出以人为本,创造好的教学环境,培育与时俱进的师资队伍,重视运用现代信息技术,把先进的信息技术作为学习数学和解决问题的有效途径。

（1）提升学科教研活动质量。学校要结合教学实际,有计划地开展教研工作,组织教学研究、业务学习和交流探讨,促进教学方式、教学效率的改进与提升。挖掘数学学科与专业课程间的互联互动,凸显课程的职教特色,加强数学在专业及社会上的运用,体现学科的工具性。同时,鼓励教师积极参加校际、市级的教学、教研、竞赛、交流等活动,相互促进、相互提高。

（2）加强学校师资队伍建设。学校须构建数量充足、质量过硬的专职数学学科教师队伍,建立健全教师培训的长效机制,有效落实教师培训各项举措和要求。教师应加强自我学习、自我提升,必须始终坚持正确的育人理念,更新课程理念,学习本学科相关专业书刊,了解学科前沿,不断提升业务水平和教育教学能力。

（3）开发利用信息技术及课程资源。学校要积极组织开发各类课程资源,如优秀的教学案例、教学课件、数字化课程等,整合好各类教学信息平台的资源。教师要通过培训和自学,掌握必备的现代信息技术,具备有效利用技术手段的技能和素养,能立足于课程内容和教学目标,有机融合知识呈现形式、问题解决方式,以及教学方法的选择。教师必须紧跟时代的要求,用现代信息技术为教学服务,有效地指导学生改善学习方式,提升学习效果。

上海市中高职贯通教育数学课程标准开发
项目组名单

组　长：沈　翔　上海市教育委员会教学研究室

组　员：赵　然　上海信息技术学校

高　芹　上海交通职业技术学院

蔡新中　上海市高级技工学校

何静芝　上海市商贸旅游学校

朱健勇　上海市浦东外事服务学校

姚光文　上海电子信息职业技术学院

潘　云　上海民航职业技术学院

诸建平　上海交通职业技术学院

支天红　上海城建职业学院